Gary Thomas

Die virtuelle Katastrophe

Impressum:

© assist Publishing 2014, Paderborn
assist Publishing ist ein Unternehmensbereich der assist GmbH
Neuauflage 2014
Coverdesign: BookDesigns, www.bookdesigns.de
Titelfoto: © Sergey Nivens - Fotolia.com
Buchsatz & Layout: BookDesigns, www.bookdesigns.de
Verlag: assist Publishing
Druck: Tredition GmbH, Hamburg

Es wird keine Garantie und Gewährleistung für die Aktualiät, Richtigkeit und Vollständigkeit des Inhaltes übernommen. Das Werk, einschließlich seiner Teile, ist urheberrechtlich geschützt. Jede Verwertung ist ohne Zustimmung des Verlages und des Autors unzulässig. Dies gilt insbesondere für die elektronische oder sonstige Vervielfältigung, Übersetzung, Verbreitung und öffentliche Zugänglichmachung.

Bibliografische Information der Deutschen Nationalbibliothek:
Die Deutsche Nationalbibliothek verzeichnet diese Publikation in der Deutschen Nationalbibliografie; detaillierte bibliografische Daten sind im Internet über http://dnb.d-nb.de abrufbar.

ISBN 978-3-9816924-0-2 (Paperback)
ISBN 978-3-9816924-1-9 (Hardcover)
ISBN 978-3-9816924-2-6 (e-Book)

Gary Thomas

Die virtuelle Katastrophe

So führen Sie Teams
über Distanz zur Spitzenleistung

Mein Teamwork 'Thank You' geht an:

*Andrea, Kian & Zoe,
mein 'Family-Team'*

und an das Team von *assist International HR* –
Das Beste Team der Welt

Inhaltsverzeichnis

Vorwort von der virtuellen Misere	**13**
1 Team-Märchen: Weg damit!	**23**
Die Sache mit dem Spinat	23
Das Eunuchen-Märchen	24
Das Märchen vom Misstrauen	26
Das Insel-Märchen	27
Das Alle-Teams-sind-gleich-Märchen	29
In aller Kürze: Glaubt nicht an Märchen!	30
2 The Big Four: Anpacken!	**33**
Das sind Ihre Aufgaben	33
Stiften Sie Identität!	34
Überwinden Sie Isolation!	37
Überbrücken Sie Entfernungen!	42
Influencing: Macht ohne Weisung	44
In aller Kürze: Das ist Ihr Job!	46
3 Die Macht der Identität	**49**
Das FBI und die unsichtbare Kraft	49
Ziele statt Cargo-Hosen	51
Wer Visionen hat, sollte zum Arzt gehen	53
Kick-off!	56
Smarte Ziele	58
Der S-Booster	59
Der M-Booster	61
Der A-Booster	62
Der R-Booster	64

Der T-Booster	64
Bauen Sie einen Leuchtturm!	66
Fan-Artikel	67
Seien Sie der große Motivator!	70
Für Fortgeschrittene: Identität formen	71
In aller Kürze: Teamgeist!	73

4 Hol dein Team aus der Isolation!   75

Das Gefangenen-Dilemma	75
Fredriks Fall	76
Horizontale Kommunikation vs. Isolation	78
In Beziehung setzen	79
K wie Kick-off oder Kaffeeklatsch	81
Beißhemmung und andere Rudel-Phänomene	83
Checkliste: Horizontale Kommunikation für Teamleader	86
Checkliste: Horizontale Kommunikation für Teammitglieder	87
Free Your Team!	89
Es lohnt sich	91
In aller Kürze: Raus aus der Isolation!	91

5 Form dein Team!   93

Muss das sein?	93
Was sein muss	95
Virtuelles Risk Management	97
Gute Argumente für einen Kick-off	99
Forming: Das Team in Form bringen	100
Das Tanztee-Syndrom	104
Spitzenteams machen das ständig	106
Virtuelles Forming	107
Kein Klügerer gibt nach	109
Lassen Sie chatten!	110
Wie reden wir miteinander?	111
Virtueller Jour fixe	112
Regelmäßige Reflexion	113
Die Angst vor Konflikten	114

Seien Sie ein echter Teamleader!	116
Hall of Fame	117
Conditio sine qua non	118
In aller Kürze: Das Team formen	119

6 Influencing: Die heimliche Macht — 121

Die Macht des Projektleiters	121
Hebeln Sie!	122
1. Berufen Sie sich auf höhere Instanzen!	124
2. Tun Sie sich mit anderen zusammen!	125
3. Betonen Sie die Beziehung!	126
4. Begründen Sie!	126
5. Stellen Sie Ja-Fragen!	127
6. Werten Sie auf!	128
7. Begeistern Sie!	130
8. Leben Sie das vor!	131
9. Bieten Sie einen Tausch an!	132
10. Sagen Sie, was Sie wollen!	132
Holzwege der Hausapotheke	133
Die Wahl der Waffen	134
In aller Kürze: Beeinflussen Sie!	136

7 Der Team-Turbo: Vertrauen — 137

Die Misstrauens-Misere	137
Wem vertrauen Sie?	139
Soft Factor, Hard Facts	140
Vertrauensbildung	141
„Feed the Cat!"	144
Der oberste Vertrauensbildner	146
Vertrau keinem, der nie da ist!	148
Kein Favoritentum!	151
In aller Kürze: Vertrauen bilden!	153

8 Stärke im Konflikt — 155

Die meisten Konflikte sind vermeidbar	155

Triple Z: Ziele, Zielkriterien, Zuständigkeiten	157
Das Cohn-Prinzip	160
Werden Sie ein starker Konfliktmanager	162
Prima, ein Konflikt!	164
Rauchmelder fürs virtuelle Team	165
Konflikte: Holschuld, keine Bringschuld	168
Klären Sie den Sachkonflikt, bevor er persönlich wird!	169
Bremsen Sie Team-Tyrannen!	171
Die Ziel-Frage	173
Audiatur et altera pars	174
Keine Kompromisse!	175
Mimosen-Management	177
Verstehen Sie!	179
In aller Kürze: Stark im Konflikt	181
9 Integrier dein Team!	**183**
Der Elefant im Wohnzimmer	183
Ihr Medienplan	185
Vereinbaren Sie Guidelines!	187
Der Takt der Integration	189
Setting the Mood	191
Desinformation ist Desintegration!	193
Vermeiden Sie Medien-Monokultur!	194
Management by flying around	196
Trigger Management	198
Der große Integrator	199
In aller Kürze: Integrieren Sie!	200
10 Ruf an!	**201**
Scheidung per SMS	201
Cyber Mobbing	204
Wie der Mensch zu sprechen verlernte	206
Hör hin!	210
Achtung, Spontanreaktion!	212
Wenn es knistert	213

Marshall B. Rosenberg	216
In aller Kürze: Sprechen Sie!	217

11 Die E-Mail-Falle 219

E-Mail-Guidelines	219
Schreiben lernen	221
E-Mail-Grausamkeit	224
Der Gipfel der Trivialität	227
In aller Kürze: Mailen Sie richtig!	228

12 Effektive Video- und Telefonkonferenzen 231

Telko an der Bahnsteigkante: Kontextgestaltung	231
Das Trivialitäts-Paradoxon	233
Wie Sie Konferenzen leiten	234
Punkt für Punkt: Konferenzen vorbereiten	235
Punkt für Punkt: Konferenzen leiten	241
Checkliste: Am Ende der Konferenz	242
Der Overconfidence Bias	243
In aller Kürze: Richtig konferieren!	244

13 Leading across Cultures 245

Der Babylon-Effekt	245
Was können wir von ihnen lernen?	247
Interkulturelle Meta-Kommunikation	250
Kulturegozentrik	252
Der Chamäleon-Effekt	255
Kultur-Patt	256
Die beste aller Welten	257
Die Sprachbarriere	258
Wie direkt dürfen Sie sein?	260
Tiefstes Mittelalter	262
Wenn es brennt: Keine Panik!	263
Für Fortgeschrittene	265
Make the world a better place	266
In aller Kürze: Internationale Teams führen	267

14 In medias res: Chinesen und Briten   **269**

    Mal schnell hinjetten   269
    Direkt ist zu direkt   271
    Ja heißt Nein   272
    Typisch britisch   273
    Die sachliche Einigung wird überschätzt   274
    Das britische Nein und britischer Humor   276
    The Magic Bullet   277

Nachwort von der Eleganz der Exzellenz   **279**

„Wir leben und arbeiten unser Leben lang in Teams.
Aber wir haben keine Ahnung, wie sie funktionieren."

frei nach Mintzberg

Vorwort von der virtuellen Misere

Hand aufs Herz: Was regt Sie bei der Arbeit am meisten auf?

Wenn ich beratend oder trainierend in Unternehmen unterwegs war, lautete bis vor wenigen Jahren die Antwort darauf mehrheitlich: „Mein Chef!" Klar, logisch.

Vor einiger Zeit kippte die Logik. Seit Erfindung der Globalisierung.

Seither höre ich am häufigsten folgende Antworten, in unvollständiger Aufzählung: „Diese verdammten Deutschen!", „Diese bescheuerten Inder!", „Diese großmäuligen Amis!", „Diese ewig beleidigten Briten!", „Diese lahmarschigen Italiener!" Wie gesagt: Ich höre sie. Zu lesen ist das nirgendwo. Denn was die Menschen da beklagen, darf man nicht laut aufschreiben. Es ist Tabu. Interkulturelle Kompetenz ist tabu?

Genau da liegt der Irrtum. Wenn ein steifer Brite und ein besserwisserischer Deutscher in einem Management- oder Projektteam aneinandergeraten, dann spielt zwar auch deren Nationalität eine Rolle. Doch wenn sich das Problem auch nach dem zweiten qualitativ hochwertigen Cross Culture Training nicht auflöst, dann sollte man vielleicht mal auf den

Gedanken kommen, dass es nicht an dem Briten und dem Deutschen liegt, sondern daran, dass der Brite in Moskau und der Deutsche in Paris sitzt. Das eigentliche, überragende Problem ist oftmals weder Nationalität noch Interkulturalität, sondern schlicht Virtualität: Wer weit voneinander entfernt sitzt, also virtuell vernetzt ist, sich deshalb bloß E-Mails schickt und gelegentlich telefoniert, der produziert Friktionen, Ineffizienz und Konflikte am laufenden Band – egal, wie gut die interkulturelle Kompetenz aller Beteiligten ist. Und das sieht jeder Praktiker, sobald er die Augen aufmacht.

Wenn nämlich in Moskau kein Brite, sondern ein Deutscher sitzt, dann streitet er sich mindestens ebenso so oft mit dem Deutschen in Paris. Obwohl das ein Deutscher ist? Nein, gerade deshalb: Wer nur noch per E-Mail konferiert, der muss sich zwangsläufig eher früher als später in die Haare kriegen! In Zeiten der Globalisierung ist Nationalität als Problem Nr. 1 längst von der Virtualität abgelöst worden. Die interkulturelle Problematik haben gut geführte Unternehmen und ihre Personalvorstände, Personalentwickler, HR'ler, Fachvorgesetzte, Personal- und Weiterbildungsreferenten dank qualitativ hochwertiger Intercultural Trainings inzwischen recht gut im Griff. Für das virtuelle Problem kann das nicht einmal annähernd behauptet werden.

Das beginnt schon damit, dass die meisten Verantwortlichen und Betroffenen das Problem gar nicht erkennen oder es typischer- und fatalerweise mit dem interkulturellen verwechseln. Das ist die eigentliche Katastrophe. Stellen wir uns vor, Sie gehen mit einer anschleichenden Lungenentzündung zum Arzt und dieser diagnostiziert flink eine Sommergrippe. Er spielt mit Ihrem Leben! Es ist sehr leicht, die virtuelle Symptomatik auf das interkulturelle Problem zu schieben. Aber es ist brandgefährlich. Das zeigt die Praxis leider an jedem schönen, neuen, globalisierten Arbeitstag. Zum Beispiel in jenem Konzern, dem eines Tages plötzlich ein indischer Fahrer abhandenkam.

Vor einiger Zeit fiel im indischen Werk des Konzerns eine Maschine aus. Es war eine so seltene Störung, dass kein Ersatzteil am Lager war. Der Hersteller sitzt in Mannheim. Er sagte sofortige Lieferung zu. „Sofort" bedeutete damals für ein 30 Kilo schweres Teil: eine Woche Transportzeit. Der Konzernvorstand drohte dem Leiter der Instandhaltung: „Das ist indiskutabel! Pro Tag Produktionsausfall verlieren wir mit Indien zwei Millionen Euro!"

Der Leiter der Instandhaltung erschrickt und bildet stante pede mit seinen und den besten Leuten in Indien ein SWAT-Team, unterstützt von einigen Logistik-Spezialisten von der Niederlassung Rotterdam. Der Teamleiter in Deutschland ruft jedem Zollbeamten, jedem LKW-Fahrer, jedem Frachtpiloten und jedem Disponenten an, der das Paket in die Finger bekommen wird und fleht sie an, das Paket mit Vorzug zu behandeln. Auf indischer Seite macht dasselbe sein indischer Counterpart. Unter Einsatz überragender Überredungskünste und großzügiger undokumentierter Griffe in die Schwarze Kasse gelingt es beiden, die Fracht des Paketes auf zwei Tage zu verkürzen. Das Team an den Standorten Düsseldorf, Delhi und Rotterdam isst, trinkt, schläft und atmet zwei Tage lang nicht, weil alle wie gebannt auf ihre Bildschirme starren und per Tracking die Stationen des Paketes verfolgen: Jetzt ist es in Mannheim raus, jetzt ist es am Gate im Flughafen, jetzt landet es in Indien, jetzt ist es am Zoll in Delhi – jetzt endlich kann es der Fahrer in Empfang nehmen! Vom Flughafen zum Standort: „Zwei Stunden, maximal", sagt der indische Teamleiter, die Mitglieder der Task Force atmen auf, einige rennen mit Hochdruck aufs Klo, andere genehmigen sich einen Jubel-Kaffee.

Nach Ablauf der zwei Stunden werden sie in Deutschland nervös. Nach drei Stunden in Indien. Die Drähte zwischen Indien, Düsseldorf und Rotterdam glühen. Nach fünf Stunden ist klar: Der Fahrer ist verschollen! Vom Erdboden verschluckt. Sein Handy ist tot, was am eben niedergehenden Monsun-Gewitter liegen könnte. Eine Festleitung hat er zu Hause nicht, weil in Indien jeder (der sich das leisten kann) ein Handy hat. Verzweiflung macht sich breit: Am nächsten Tag sind weitere zwei Millionen fällig! Obwohl das Teil eigentlich schon in Indien ist. Der Konzernvorstand hat Schaum vorm Maul.

Am nächsten Tag fehlt um sechs Uhr vom Fahrer jede Spur, um acht und um zehn. Zur Mittagspause erscheint er gut gelaunt in der Kantine. In aller Seelenruhe erklärt er: „Als ich gestern Nachmittag vom Flughafen weg fuhr, kam ich auf halber Strecke in ein Monsun-Gewitter. Der Verkehr brach zusammen. Weil da erfahrungsgemäß auf Stunden nichts mehr geht, bin ich erst mal nach Hause gefahren. Hat ja keinen Sinn, im Verkehr zu stehen. Und heute Morgen musste ich erst mal meine Tochter zum Arzt fahren, das lag sowieso auf dem Weg." Zwei Monteure halten den indischen Teamleiter, einen Franzosen, mit äußerster Mühe davon ab, den Fahrer auf der Stelle zu erwürgen. Der Mann ist Inder. Er versteht bis heute nicht, warum „dieser seltsame Mensch sich so aufgeregt hat. Ich habe das Teil doch gebracht wie er es wollte! Es ist doch jetzt da! Was will er denn noch von mir?"

Der Franzose sagt: „Diese ... Inder!" und füllt die Auslassung mit einer beeindruckend langen Auswahl erlesener Adjektive, deren Wiederholung ich mir an dieser Stelle verkneife. Der zuständige Personalentwickler in Düsseldorf zieht den klassischen Fehlschluss: „Interkulturelle Kompetenz! Sag ich schon immer! Der Franzose hätte das dem Inder eben so erklären müssen, dass der Inder das versteht! Lass uns die Leute mal wieder so richtig schulen!" Was darf's denn sein? Interkulturelles Training für 20 000 Euro? 30 000? Oder gleich 50 000 Euro? Der deutsche Teamleiter der Task Force, der keine 50 Meter weiter östlich im Gebäude sitzt, tappt nicht in diese Falle. Er erkennt den wahren Grund für das 2-Millionen-Desaster.

Er sagt: „Sicher hätte unser Franzose davon profitiert, wenn er die indische Kultur ein wenig besser kennen würde. Aber in diesem Fall hätte das die Katastrophe doch nicht verhindert!" Virtualität, nicht Interkulturalität war die Bombe, die das Projekt hochgehen ließ. Das weiß der Teamleiter jetzt. Er sagt: „Wäre ich vor Ort gewesen, hätte ich einen anderen Fahrer ausgesucht, wäre ich selber zum Flughafen gefahren oder hätte dem Fahrer bei Anweisungserteilung angesehen, dass er die Dringlichkeit seines Auftrags nicht wirklich erkannt hat." Er war aber nicht vor Ort. Er führte kein traditionelles Team vor Ort. Er saß in Düsseldorf. Deshalb kommunizierte und führte er auch nicht vor Ort – er kommunizierte und führte virtuell, per Remote Control, über die Distanz. Er führte ein virtuelles Team unter Einsatz virtueller Kommunikationsinstrumente. Aber er hatte im Gegensatz zu seinen bislang absolvierten fünf Trainings in Cross Culture Competency niemals ein Training erhalten, wie man ein virtuelles Team führt, wie man also beispielsweise von Düsseldorf aus dafür sorgt, dass der Fahrer in Delhi seinen Auftrag richtig versteht.

Diese Kompetenzlücke, die in Wahrheit eine Trainingslücke ist, kostete sein Unternehmen zwei völlig unnötige Millionen, einen ziemlich verärgerten Kunden, den Franzosen fast die Karriere und das indische Werk den Verlust eines Leistungsträgers (der Inder kündigte prompt).

Ein Konzernvorstand, der diese unglaubliche Geschichte gehört hatte, rief mich zu sich und sagte: „So geht das auch bei uns zu." Ich versicherte ihm, dass es nach meiner langjährigen Erfahrung nicht nur bei ihm so zuginge, dass er aber einer der wenigen verantwortlichen Manager sei, die daraus die korrekte Schlussfolgerung zögen: „So geht das nicht weiter!"

Die Probleme, die virtuelle Teams aufwerfen, richten weltweit jedes Jahr mehr Schaden an als Lehman, Fukushima und die Dauerkrise der Euro-Zone zusammengenommen. Ihre Probleme verzögern unnötig Projekte, erhöhen die Fehlerquote, bremsen Innovationen aus, vertreiben Kunden, gefährden Managerkarrieren, vernichten Liquidität und bringen Teammitglieder und Teamleiter an den Rand des Nervenzusammenbruchs, der meist mit den Ausruf angekündigt wird: „Diese verdammten … (fügen Sie die entsprechende Nationalität und/oder Werks-/Abteilungszugehörigkeit ein)!"

Wobei das eben kein Problem der Globalisierung, der Kulturen, Nationalitäten oder Standorte ist. Es ist ein Problem der modernen Kommunikationstechnologie. Musste früher ein Team physisch an einem Ort für ein Teammeeting zusammenkommen, kann es sich heute per Telko, Video-Konferenz, Intranet oder einfach per E-Mail abstimmen – eben virtuell. Behaupten die IT-Enthusiasten. Man sollte ihnen den Hosenboden strammziehen. Denn das ist eine dicke, fette Lüge. Virtuelle Teams funktionieren mehrheitlich nicht. Deshalb werde ich wie viele andere Berater für virtuelle Teamentwicklung seit Jahren zu solchen Teams gerufen. „Wir verstehen das nicht!", sagen mir die Verantwortlichen oft. „In diesem Team sind doch einige unserer besten Leute!" Wie man das nicht verstehen kann, verstehe ich meinerseits nicht. Denn eigentlich ist es doch offensichtlich, oder? In virtuellen Teams gilt: Die einzelnen Teammitglieder

- sind über verschiedene Regionen, Landesteile, Bundesländer, Länder oder gar Kontinente verstreut
- sprechen unterschiedliche Sprachen und Dialekte
- gehören unterschiedlichen Kulturen an
- gehören zu unterschiedlichen Organisationen innerhalb der Supply Chain
- stammen aus unterschiedlichen Unternehmen, zum Beispiel innerhalb einer Kooperation
- pflegen deshalb völlig unterschiedliche Mindsets
- haben ein oft komplett anderes Prozessverständnis
- kommunizieren meist extrem unterschiedlich
- haben unterschiedliche Arbeitszeiten
- sitzen in unterschiedlichen Zeitzonen

- können sich nicht täglich sehen
- nehmen diese ganzen Unterschiede nicht wirklich wahr.

Und all diese gravierenden Unterschiede sollen keine Auswirkungen auf Teamführung und Teamleistung haben? Wer das glaubt, glaubt auch an den Osterhasen! Tatsächlich sind die Auswirkungen auf die Teamleistung enorm. Und obwohl die meisten Unternehmen schon seit Jahren mit virtuellen Teams arbeiten, wurden ihre Teamleiter nie mit den nötigen Kenntnissen der virtuellen Teamführung ausgestattet. Schlimm? Es kommt schlimmer.

Wenn ich Vorständen, Geschäftsführern und normalen Vorgesetzten von den riesigen Problemen virtueller Teams erzähle, dann sagen mir viele: „Zum Glück habe ich kein virtuelles Team. Ich und vier Kollegen sitzen in Gebäude A, der Rest vom Team in Gebäude D und E!" Ich habe mir schon lange abgewöhnt, daraufhin fassungslos aus der Wäsche zu schauen. Ich frage dann nur noch: „Und? Wie kommunizieren Sie denn außerhalb von Teammeetings miteinander?" – „Na, mit E-Mail!" Aha, und E-Mails sind keine virtuelle Kommunikation? Mit E-Mails schreiben die Teammitglieder nicht permanent aneinander vorbei, produzieren Missverständnisse, latente und offene Konflikte? Auch wenn Sie nur eine Bürotür weit voneinander entfernt sind: Mit nur einer einzigen E-Mail haben Sie die ganze virtuelle Problematik wieder am Hals.

Deshalb arbeiten bereits traditionelle, ortsgebundene Teams häufig heftig aneinander vorbei, „weil wir uns viel zu selten sehen und abstimmen!", wie mir Projektleiter und Teammitglieder immer wieder klagen – selbst wenn die Teammitglieder bloß durch zwei Stockwerke oder drei Gebäudeteile voneinander getrennt sind. Schon allein diese geringe lokale „Trennung" durch ein bloßes Stockwerk oder auch nur dreißig Meter Flur infiziert jedes normale Team bereits mit dem dem Triple V – dem virulenten virtuellen Virus. Viele Vorgesetzte und Teamleiter erleben das zwar täglich, können es aber nicht einordnen.

Ihre Stehgreif-Diagnose lautet dann immer irgendwie: „Die stellen sich mal wieder super dämlich an!" Das heißt, sie schieben das Fehlerbild des virtuellen Kontextes auf die Persönlichkeit der Teammitglieder. Die sind eben schlampig und nicht konfliktkompetent! Anders ausgedrückt: Sie sehen das Haar in der Suppe, aber nicht den Elefanten im Esszimmer. Das Problem ist virtueller und nicht persönlicher Natur!

Virtuell heißen solche Teams ja nicht bloß, weil sie eben nicht an einen Ort gebunden sind. Virtuell heißen sie vor allem, weil der „Ort" ihrer Zusammenarbeit virtuell ist: Man trifft sich via Internet, Videokonferenz oder anderen Medien im virtuellen Raum. Viele meinen, das sei ein marginaler Unterschied zum traditionellen Team. Natürlich haben beide Teamarten viel gemein. Doch der kleine Unterschied macht den großen Unterschied: Virtuelle Teams sind wegen ihrer Virtualität besonders und brauchen wegen dieser Besonderheit auch eine besondere Art der Führung. Der virtuelle Teamleiter sollte seinen Teamführerschein um die Führerscheinklasse „Virtuell" erweitern (lassen). Genau zu diesem Zweck treffen Sie und ich uns hier virtuell.

Falls Sie Teamleader sind: Herzlich willkommen! Für Sie ist dieses Buch geschrieben. Sie sind aber bloß „einfaches" Teammitglied und haben schon nach diesen wenigen Seiten mehrmals gedacht: „Sag das mal meinem Teamleiter!"? Keine Sorge, das mache ich. Aber bis ich das mache, unterschätzen Sie bitte nicht Ihren eigenen Einfluss. Wie Sie vielleicht selbst schon bemerkt haben, ist Ihr Einfluss als „einfaches" Mitglied auf das Team deutlich, messbar und groß. Klartext: Sie müssen kein Teamleader sein, um Ihr virtuelles Team auf Erfolgskurs zu bringen. Wie Sie das schaffen, das sehen Sie auf den folgenden Seiten. Sie sind aber weder noch?

Das ist fast noch besser. Als Manager, der virtuellen Teams übergeordnet ist, haben Sie den größten Einfluss auf die virtuelle Führung und damit auf die Leistung Ihrer Teams. Wenn Sie wissen, wie man solche Teams steuert. Hier erfahren Sie es.

Was Sie hier erfahren, wird Effektivität und Effizienz Ihrer virtuellen Teams deutlich, oft sogar dramatisch steigern. Ärger, Stress und Konflikte im Team nehmen ab. Die Teammitglieder arbeiten (wieder) gerne miteinander zusammen. Die andauernden Konflikte, Missverständnisse und Fehler gehen zurück. Das Gefühl des permanenten Chaos verschwindet. Sie als Vorgesetzter oder Teamleiter werden (endlich) stärker respektiert. Und das zu Recht: Virtuelle Teamführung ist Teamführung extrem. Wenn Sie das drauf haben, können Sie alles und jeden führen. Bezeichnenderweise berichten mir viele TeamleiterInnen Wochen nach dem Training: „Sogar mit meiner Familie klappt das jetzt besser!" Das ist logisch. Warum?

Aus einem einfachen Grund: Sie verfügen jetzt über virtuelle Kompetenz. Sie haben den virtuellen Führerschein erworben.

Ihre erste Fahrstunde beginnt hier.

Steigen Sie ein.

> „Es ist leicht, Märchen zu glauben.
> Aber es ist nicht klug."
>
> Norman Mailer

1 Team-Märchen: Weg damit!

Die Sache mit dem Spinat

Virtuelle Teams gibt es seit Jahren. Probleme mit virtuellen Teams gibt es ebenso lange. Warum rufen mich die Unternehmen dann immer noch? Warum wurden die Probleme nicht längst beseitigt?

Daran ist der Spinat schuld.

Viele Mütter füttern auch heute noch ihre Kinder mit Spinat: „Da, iss! Ist gesund! Ist viel Eisen drin!" Ich bin kein Lebensmittelchemiker, aber selbst ich weiß inzwischen, dass das Eisen im Spinat ein Ammenmärchen ist. 1927 vertippte sich ein Forscher um eine Kommastelle und alle anderen schrieben seither von ihm ab. Soweit ich weiß, ist im Spinat weniger Eisen als in Schokolade. Trotzdem glauben viele an das Märchen. Das ist ihre Natur: Sie halten sich hartnäckig. Hartnäckiger jedenfalls als die Wahrheit. Das ist ein Problem – und eine Chance:

> Wenn ein virtuelles Team zu langsam vorankommt, fragen Sie sich und das Team doch mal: Welchem Team-Märchen sitzen wir auf?

Ich biete Ihnen vier zur Auswahl an.

Das Eunuchen-Märchen

Ich kenne Verantwortliche in Unternehmen, die sich seit Jahren über die Ineffizienz ihrer virtuellen Teams aufregen – und trotzdem nichts dagegen tun! Typisch Manager? Denkfaul und handlungsschwach?

Ach, Unfug! Weder das eine noch das andere. Ich kenne keine denkfaulen Manager. Aber jede Menge, die noch an Märchen glauben. Die Vertriebsleiterin eines Kosmetikunternehmens spricht für viele, wenn sie sagt: „Ein virtuelles Team kann doch gar nicht so leistungsfähig sein wie eines, dessen Mitglieder sich jeden Tag über den Weg laufen!" Das virtuelle Team sozusagen als Eunuch unter den Teams: Möchte schon gerne, kann aber nicht. Warum glaubt die Vertriebsleiterin das?

Ganz einfach: Weil das häufig so ist. Das heißt: Die Vertriebsleiterin verwechselt Korrelation mit Kausalität. Sie sieht so viele leistungsschwache virtuelle Teams, dass sie unwillkürlich schlussfolgert: „Alle virtuellen Teams sind Eunuchen! Das muss so sein!" Muss es aber nicht und ist es auch nicht. Das ist schlicht ein Mythos. Es gilt im Gegenteil:

> **Gut geführte virtuelle Teams sind oft sogar leistungsfähiger als konventionelle Teams.**

Denn wenn ein „normales" Team um 18 Uhr in Hamburg Feierabend macht, dann fangen die Asiaten eines virtuellen Teams wegen der unterschiedlichen Zeitzonen erst richtig an. Ein virtuelles Team kann also idealerweise rund um die Uhr arbeiten, weil sein Projekt quasi durch die Zeitzonen wandert. Immer der Sonne nach. Deshalb heißt dieses

Effizienzprinzip auch „Follow the sun" oder „Around the clock". Deshalb kann an einem virtuellen Projekt im Idealfall 24/7 gearbeitet werden: sieben Tage die Woche, 24 Stunden am Tag. Aus diesem Grund können virtuelle Teams sogar „potenter" sein als normale Teams. Warum sind sie es dann so oft nicht? Weil sie meist „kastriert" sind.

> Die horizontale Kommunikation ist das Geheimnis der Potenzstärke.

Nicht, was Sie jetzt denken! Horizontal bedeutet bei der Teamentwicklung schlicht: Es wird nicht nur von oben nach unten et vice versa kommuniziert (Teamleiter – Teammitglieder), sondern auch auf der Ebene zwischen den Teammitgliedern, also horizontal.

Ein Team funktioniert, wenn beide Kommunikationsarten funktionieren: Der Teamleiter weist einerseits verständlich, konkret, strukturiert und zielorientiert von oben nach unten an und erhält von unten brauchbares Feedback. Andererseits reden die einzelnen Teammitglieder auch untereinander, zum Beispiel um ihre jeweiligen Arbeitspakete aufeinander abzustimmen. Damit keiner am anderen vorbei arbeitet oder zwei oder mehr Kollegen Parallelarbeiten abliefern – was selbst in konventionellen Teams eher Regel als Ausnahme ist. Der Clou ist nun: In einem Team, dessen Teammitglieder sich täglich auf den Gängen und in der Kantine übern Weg laufen, geschieht viel von dieser horizontalen Kommunikation informell, nebenbei, unter Kollegen, im Aufzug, in der Kaffeeküche, auf dem Firmenparkplatz – also quasi automatisch. Die Crux dabei: Läuft man sich nicht ständig übern Weg, ist dieser Automatismus abgeschaltet. Der virtuelle Teamleiter muss dann Abhilfe schaffen. Tut er es nicht, dann haben wir die übliche virtuelle Misere, die überall anzutreffen ist. Tut er es, kann er sein Team zum Erfolg führen. Also tun Sie es! Wie? Das erfahren Sie in diesem Buch.

Das Märchen vom Misstrauen

Vielleicht haben Sie das in Ihren Teams auch schon wenig begeistert wahrgenommen: In vielen virtuellen Teams herrscht ein fast mit Händen greifbares Misstrauen. Jedenfalls deutlich stärker als in herkömmlichen Teams.

Im virtuellen Team bricht normalerweise nach Beendigung einer Telko oder Videokonferenz das Murren aus: „Hast du gehört, was der Spanier sich wieder geleistet hat? Der hat sie doch nicht mehr alle!" Bis zur nächsten Telko schaukelt sich das Ressentiment wunderbar zu einem ohrenbetäubenden Weißen Rauschen des gegenseitigen Misstrauens auf: Spätestens nach drei Wochen Projektlaufzeit hält jede(r) jede(n) für einen verdammten Intriganten. In einem herkömmlichen Team passiert das nicht.

In einem herkömmlichen Team geht man nach dem Teammeeting kurz beim betreffenden Kollegen und mutmaßlichen Intriganten vorbei und fragt ihn: „Du, was du vorhin gesagt hast – wie hast du denn das gemeint?" In 99 Prozent der Fälle ist das dann kein Konflikt und schon überhaupt keine Intrige, sondern bloß ein blödes Missverständnis. Die informelle horizontale Kommunikation klärt das ruckzuck. Nicht so im virtuellen Team.

Da klärt sich nichts. Im Gegenteil. Weil die Deutschen „Den Spanier" jetzt für einen arroganten Idioten halten, kursieren zwischen den Teammitgliedern nun Terrabyte an E-Mails, mit denen die Deutschen sich gegen die angeblichen Intrigen des Spaniers abzusichern versuchen, was seinerseits den Spanier zu virtuellen Gegenschlägen zwingt, was wiederum die Deutschen ... Die meisten virtuellen Teams beschäftigen sich mehr mit Cyber-Kriegen als mit Teamarbeit. Endresultat: allseitiges Misstrauen.

> Verdecktes Cyber-Mobbing ist Volkssport in virtuellen Teams.

Das Märchen vom Misstrauen behauptet nun: „Virtuelle Teams sind leistungsschwach wegen des grassierenden, produktivitätsvernichtenden Misstrauens!" Das ist keine Analyse, sondern eine Tautologie wie „Wasser ist nass." Natürlich vernichtet Misstrauen Produktivität! Aber daraus darf man doch nicht schlussfolgern, dass virtuelle Teams per se Produktivitätsvernichter sind, weil mit der Virtualität zugleich das Misstrauen kommt! Das Märchen behauptet eine Zwangsläufigkeit, die eben nur in *schlecht geführten* virtuellen Teams besteht:

> Es stimmt: Virtuelle Teams sind besonders anfällig für Misstrauen. Sobald jedoch vertrauensbildende Maßnahmen eingesetzt werden, werden virtuelle Teams oft leistungsstärker als herkömmliche.

Wie diese Vertrauensbildung aussieht, diskutieren wir in den folgenden Kapiteln.

Das Insel-Märchen

Völlig irre wird es, wenn Leiter von virtuellen Teams haarscharf erkennen, dass sich ihr Team wegen des allseits gepflegten Misstrauens (s. o.) gegenseitig behindert, dagegen vorgehen wollen, eine vertrauensbildende Maßnahme beantragen und dann vom Vorgesetzten/Auftraggeber zu hören bekommen: „Wozu brauchen Sie das? Lassen Sie das mal! Virtuelle Teams heißen so, weil es keinen direkten, persönlichen Kontakt zwischen den Teammitgliedern gibt! Das ist auch nicht so wichtig, weil man sich bei diesen großen Entfernungen ohnehin nur um die Sachaufgaben kümmern kann und sollte." Ehrlich. Originalton. Irre!

Was der Vorgesetzte da kolportiert, ist 1:1 das Insel-Märchen: „Virtuelle Teammitglieder sind Inseln im Ozean – ohne Verbindung zum Festland. Also belass es dabei!" Warum fallen Vorgesetzte und Auftraggeber auf so ein Märchen herein?

Erstens, weil sie die vertrauensbildende Maßnahme gegen das Misstrauen im Team bezahlen müssten und das tun viele Menschen nicht gerne, die Ausgaben nicht von Investitionen unterscheiden können. Und zweitens, weil viele Vorgesetzte schon im normalen Arbeitsalltag es nicht gerne sehen, wenn sich Mitarbeiter untereinander austauschen. Extrem zu beobachten in der Kaffeeküche: Drei Kollegen stehen da, trinken Kaffee und tauschen sich aus. Kommt der Chef vorbei und sagt was? Richtig, in allen Ländern der Welt, in vielen (glücklicherweise nicht allen!) Unternehmen und zu jeder Tages- und Nachtzeit: „Hamm'Se nichts Besseres zu tun? Fürs Rumstehen und Kaffeetrinken bezahle ich Sie nicht!" Das heißt: Die „ganz normale" Führungskraft abstrahiert heutzutage nicht nur von der produktivitätstragenden Horizontalkommunikation, der Vertrauensbildung und der virtuellen Führung, sie bekämpft sie geradezu! Natürlich unbewusst, unabsichtlich und unreflektiert, aber dafür umso wirksamer.

In konventionellen Teams ist dieser Führungsfehler nicht so gravierend. Da bricht sich die Horizontalkommunikation auch ohne das Placet der Vorgesetzten die Bahn. Der Chef kann schließlich nicht jedes Schwätzchen unterbinden und nicht den ganzen Tag in der Kaffeeküche herumlungern. In virtuellen Teams kann er es. Leider. Und killt damit die eigentliche Teamidee: Inseln sind kein Team, weil Inseln nicht vernetzt sind! Wie Sie trotzdem aus Ihren isolierten Inseln ein funktionierendes Netzwerk formen, auch das diskutieren wir in den folgenden Kapiteln. Falls das noch nötig ist.

Viele virtuelle Führungskräfte legen bereits früher los, sobald sie das Insel-Märchen als solches erkannt haben. Ein Bereichsleiter sagte mal: „Wenn das so ist, dann lade ich zu unserer Vertriebs-Jahrestagung auch gleich die Mitglieder der virtuellen Teams ein. Ob da noch hundert Leute mehr rumstehen und Kaffee trinken, ist kostenmäßig nicht wirklich relevant. Und den virtuellen Teams tut es gut, wenn sie auf so einem Event auch persönlich vernetzt werden." Genau das ist es.

Das Alle-Teams-sind-gleich-Märchen

Probleme mit virtuellen Teams gibt es schon lange. Wenn diese Probleme sich häufen, was machen Entscheider dann? Richtig: Sie schicken Projektleiter (manchmal auch Teammitglieder) zu Team- und Projektmanagement-Trainings. Auf dem Hintergrund dessen, was Sie inzwischen über virtuelle Teams gelernt haben: Bringt das was?

Ja, klar, die ersten beiden Male bringt das was. Und selbst danach lernt man als Projektleiter immer wieder gerne dazu. Doch wenn mir auf der Autobahn das Getriebe den Geist aufgibt, dann nützt es herzlich wenig, wenn ich flink wie Vettels Boxen-Crew einen Reifen wechseln kann:

> Wer Projektmanagement rück- und vorwärts kann, kann deshalb noch lange nicht virtuelle Teams führen!

Doch genau dieses Märchen glauben Entscheider, denen nichts Anderes oder Besseres einfällt, als ihre Teamleiter immer wieder auf Projektmanagement-Trainings zu schicken. Das Märchen sagt: Virtuelle Teams sind wie konventionelle Teams – nur eben über den ganzen Globus verteilt. Doch genau das ist falsch.

Und es macht die herrschenden Probleme nur noch schlimmer, wenn virtuelle Teams wie normale Teams behandelt werden. Denn virtuelle Teams stoßen auf ganz andere Herausforderungen in ganz anderer Intensität als konventionelle Teams. Wenn Sie diese Herausforderungen erkennen und meistern (können), erwerben Sie sich eine Garantie auf Teamerfolg. Welche Herausforderungen sind das? Sind das viele? Nein. Es sind nur vier. Wie Sie diese Big Four meistern, erfahren Sie in den nächsten fünf Kapiteln.

In aller Kürze: Glaubt nicht an Märchen!

- Wenn virtuelle Teams hinter Ihren Erwartungen bleiben, prüfen Sie doch mal nach: Welchen Märchen sitze ich möglicherweise auf?
- Das Eunuchen-Märchen sagt: „Virtuelle Teams können überhaupt nicht so leistungsstark sein wie klassische Teams!"
- Unfug! Sie sind wegen „Follow the sun" und anderen Vorteilen prinzipiell sogar leistungsfähiger.
- Vorausgesetzt, Sie kurbeln die horizontale Kommunikation an. Tun Sie's!
- Das Märchen vom Misstrauen: „Virtuelle Teams sind so schwach, weil jeder jedem misstraut!"
- Stimmt, aber das liegt nicht am Team, sondern an mangelnden vertrauensbildenden Maßnahmen. Setzen Sie welche ein!
- Das Insel-Mythos: „Die Leute sitzen so weit auseinander, da sollen die sich lieber auf die Sachaufgabe konzentrieren!"
- Keine Vernetzung also? Dann ist das aber kein Team, sondern ein unverbundener Haufen Sachbearbeiter. Vernetzen Sie! Auch und gerade auf persönlicher Ebene.
- Das Alle-Teams-sind-gleich-Märchen: „Virtuelle Teams sind wie konventionelle Teams – nur eben mit größeren Entfernungen!"

- Okay, und ein Flugzeugträger ist wie ein Schlauchboot, nur mit weniger Paddeln. Really?
- Herkömmliche(s) Teamentwicklung und Projektmanagement sind Basis auch virtueller Teams – aber ohne zusätzliche virtuelle Führungskompetenz reicht diese Basis eben nicht!
- Spüren Sie bei sich, im Team und auf Seiten Ihrer Entscheider, Auftraggeber, Kunden und dem Lenkungsausschuss konsequent alle kursierenden Märchen auf – und lassen Sie ihnen die Luft raus! Erst dann geht es voran.

„Was ist deine Aufgabe?
Das ist die Pflicht des Tages!"

frei nach Goethe

2 The Big Four: Anpacken!

Das sind Ihre Aufgaben

Warum glauben vernünftige Menschen überhaupt an Märchen (siehe Kapitel 1)? Weil Märchen schützen.

Wer zum Beispiel das Eunuchen-Märchen glaubt („Virtuelle Teams können gar nicht so effektiv sein wie herkömmliche Teams!"), der braucht gleich gar nicht zu versuchen, ein virtuelles Team leistungsstärker zu machen. Wozu auch? Hat doch eh' kein Zweck! Virtuelle Teams sind doch sowieso Eunuchen! Also wozu die Mühe?

> Märchen schützen davor, Herausforderungen anzupacken.

Offensichtlich brauchen Sie diesen Schutz nicht. Denn Sie sind hier. Sie sind stark genug, sich den Herausforderungen der Virtual Leadership zu stellen. Welche sind das?

Im Prinzip sind es nur vier. Und sie sind augenfällig. Wenn Sie ein durchschnittliches virtuelles Team betrachten, springen diese vier

Herausforderungen förmlich ins Auge, sobald Sie die Besonderheiten solcher Teams berücksichtigen: Die Teammitglieder sind meist weit voneinander entfernt, fühlen sich isoliert und agieren deshalb in unheilvoller Isolation voneinander und entwickeln deshalb auch nicht das Teamgefühl, das einem Team erst seine besondere Produktivität verleiht. Zu allem Übel stehen Sie bei der Bewältigung dieser drei Herausforderungen vor einer vierten: Projektleiter haben in vielen Fällen keine Weisungsbefugnis! Das ist die finale Zumutung. Und das sind bereits die vier zentralen Herausforderungen der virtuellen Teamführung:

1) Stifte Identität!
2) Bekämpfe Isolation!
3) Überbrücke Entfernungen!
4) Setz dich auch ohne Weisungsbefugnis durch!

Das sind Ihre Herausforderungen. Wie meistern Sie diese? Der Reihe nach.

Stiften Sie Identität!

Meike leitet ein internationales, virtuelles Team von Produktdesignern, Einkäufern und Ingenieuren. Meike hat Probleme mit dem Team. Termine werden nicht eingehalten, Parallelarbeit wird geleistet, latente Konflikte bremsen die Produktivität. So werden zum Beispiel selbst einfache Anfragen per E-Mail frühestens erst nach drei Tagen beantwortet. Sowohl vertikal als auch horizontal: Egal, ob Meike etwas von einem Teammitglied wissen will oder die Teammitglieder sich untereinander abstimmen – „das dauert immer ewig!", klagt Meike. Der erste Meilenstein ist bereits gefährdet, die Projektampel steht auf Rot. Und das, obwohl im Unternehmen klare Standards of Performance gelten: E-Mails sind zum Beispiel binnen 24 Stunden zu beantworten. Das gilt im Unternehmen. Nicht in Meikes virtuellem Team. Die Ursache und zugleich die Lösung dafür entdeckt sie eher zufällig.

Ein besonders kreativer Designer hat ein Logo für das immerhin auf 27 Monate angelegte Projekt entwickelt und schmückt nun seine E-Mails damit. Das gefällt Meike so gut, dass sie das Logo in ihre eigenen E-Mails und Dokumente übernimmt. Das steckt andere an. Binnen zwei Wochen benutzen zwei Drittel der Teammitglieder das Logo. Zeitgleich sinkt der durchschnittliche Time Lag bei E-Mails auf etwas unter zwei Tage. Zufall? Nein, Identität. Menschen im gleichen Kittel entwickeln eine Teamidentität. Deshalb gibt es Trikots im Teamsport und Uniformen in Armeen. Die alten Feldherren wussten das:

> Gemeinsame Symbole tragen zur gemeinsamen Identität bei.

Peinlich nur, dass das ein Teammitglied und nicht Meike entdeckte. Aber in traditionellen Teams gibt es auch keine Team-T-Shirts? Richtig. Weil es da keine benötigt.

In traditionellen Teams laufen sich die Teammitglieder regelmäßig auf Firmenparkplatz, Fluren, in Sitzungsräumen und in der Kantine über den Weg. Wegen dieser banalen, gemeinsamen Ritualen entwickeln sich Identität im Team und Zugehörigkeitsgefühl auch ohne gemeinsame Insignien: „Hier arbeite ich. Mit diesen Leuten arbeite ich. Zu diesem Haufen gehöre ich. Das ist mein Team, unser Projekt." In virtuellen Teams fehlen diese banalen Rituale und die gemeinsamen Symbole. Überspitzt formuliert:

Keine Symbole – keine Identität – kein Team.

Deshalb hatte Meike im engeren Sinne kein Team, sondern einen losen Haufen von Spezialisten. So lose, dass selbst dringende Anfragen per E-Mail generell erst mal zwei Tage liegen blieben, bevor sie beantwortet wurden: „Ist ja nicht mein Bier. Ist bloß dieses doofe neue Projekt."

Typisches Symptom mangelnder Teamidentität. Der Designer in Meikes Team ahnte das intuitiv und entwickelte ein Logo für den gemeinsamen Gebrauch. Und je mehr Teammitglieder es gebrauchen, desto stärker wachsen Zusammengehörigkeitsgefühl und Teamidentität. Eigentlich wäre das Aufgabe der virtuellen Teamleiterin:

> **Schaffen Sie ausreichend Identifikation mit Projekt, Ziel und Team!**

Die Amerikaner schaffen das unter anderem, indem sie Base Caps, T-Shirts, Buttons und Pins mit dem Projekt-Namen unter den Teammitgliedern verteilen: Trivial, aber stets wirksam. Kleine Geschenke erhalten die Teamidentität. Meikes Team schaffte diese Identitätsbildung zu Beginn mit einem gemeinsamen Logo. Auch das Einschwören auf die gemeinsamen Ziele schafft Identität. Welche Möglichkeiten der Identitätsbildung Sie haben, betrachten wir detailliert in Kapitel 3. Für den Augenblick ist es nur wichtig, dass Sie

- die Herausforderung der Teamidentität erkennen.
- von den vielen in Ihrem Team auftretenden Symptomen mangelnder Teamleistung die richtigen der mangelnden Teamidentität zuordnen können.
- sich vornehmen: Ich stelle mich der ID-Herausforderung!
- auch Ihr Team oder Ihre Leutnants für die Herausforderung sensibilisieren: „Hört mal, wie schaffen wir eine solide Teamidentität?"

Okay? Dann weiter zur nächsten Herausforderung.

Überwinden Sie Isolation!

Was macht man, wenn in Meetings von klassischen Teams nichts weitergeht? Oder es zu langsam voran geht? Man trifft sich in der Kaffeeküche und knobelt die Probleme im kleinen Kreis, auf kollegialer Ebene, auf informelle Art und Weise aus. Nicht umsonst gelten Teammeetings als „reine Zeitverschwendung", Horte der Ineffizienz und größtes Problem des Projektmanagements. Ich habe mehr Teamprobleme in Kaffeeküchen gelöst als mir lieb ist – und Sie wahrscheinlich auch. Die Intimität der Kaffeeküche, ach ja.

In virtuellen Teams gibt es sie nicht. Da ist die Intimität durch Isolation ersetzt: Jede(r) wurschtelt in seiner Ecke der Welt isoliert vom Rest des Haufens vor sich hin. Erschwerend kommt hinzu, dass schwache Führungskräfte bereits in traditionellen Teams diese soziale Komponente schmähen. Sie wollen nicht, dass Mitarbeiter in der Kaffeeküche „rumstehen und die Zeit totschlagen!" Aus unerfindlichen Gründen haben sie etwas gegen Effizienz, Produktivität und Erfolg – wenn sie aus der Kaffeeküche kommen. Wenn solche Führungskräfte dieses informelle Instrument der Teamentwicklung schon dann behindern, wenn es ohne weiteres praktizierbar ist, liegt auf der Hand, dass sie es auch dann nicht fördern, wenn es nötig wäre, nämlich im virtuellen Team. Nein, stattdessen halten sie die virtuellen Teammitglieder in einer künstlichen, produktivitätsvernichtenden und obendrein unnötigen Isolation, die nicht nur die Teamleistung sabotiert, sondern auch die Bildung der Teamidentität be- oder verhindert (s.o.) und die Teammotivation beschädigt. Warum tun Manager das? Weil ihre soziale Kompetenz so schwach ist? Auch. Das passiert manchmal.

Genau so oft passiert: Die Kasse ist zu schwach. Immer wieder sagen mir Führungskräfte: „Es wäre wünschenswert und nützlich, wenn wir uns häufiger sehen könnten. Aber ich bekomme das nicht genehmigt!" Aber ein Team, das unter den Erwartungen performt, sich gegenseitig behindert und die Projektziele gefährdet, das bekommt man genehmigt? Ich weiß: Erbsenzähler genehmigen kein Budget für einen reisespesenintensiven Präsenz-Kick-off, weil sie den Zusammenhang zwischen so einem Kick-off, dem Beseitigen der hinderlichen Isolation, der resultierenden Identitätsbildung (s.o.) und der Teamleistung nicht erkennen (können). Immerhin sind sie Erbsenzähler und keine Teamleader. Sie können nicht sehen, was sie nicht sehen können. Solche Typen kennen Sie? Dann zeigen Sie ihnen das Licht! Argumentieren Sie. Verkaufen Sie ihnen die Idee. Geben Sie ihnen einen Crash-Kurs in Virtual Leadership.

Schlagen Sie ihnen zum Beispiel einen Split-run vor: Suchen Sie zwei in etwa vergleichbare Projekte heraus und lassen Sie eines mit Präsenz-Kick-off und das andere ohne starten. Das ist kein wissenschaftliches Experiment. Aber jeder Praktiker wird erkennen können, dass die Reduktion der Isolation deutlichen Einfluss auf die Performance hat. Wenn Sie solche Vergleiche nur oft genug anstellen, lässt sich irgendwann auch der gestrigste Controller davon überzeugen:

> Es gibt auf der ganzen Welt kein virtuelles Spitzenteam, dass ohne persönliche Kontakte (beim Kick-off o. ä.) seine Spitzenleistung erreicht.

Noch schneller gelangt dieses simple aber thermodynamisch wirksame virtuelle Grundprinzip in die Köpfe der Budgetmächtigen, wenn Sie sich einen mächtigen Ideen-Paten von ganz oben holen, der Sie bei der Überwindung der Isolation und der Aktivierung des nötigen Budgets unterstützt. Betreiben Sie Überzeugungsarbeit!

Viel Arbeit macht das meist nicht. Denn die meisten Praktiker sind einsichtig: „Natürlich ist es besser, wenn die Teammitglieder nicht isoliert voneinander vor sich her wurschteln! Aber bei diesen Entfernungen schaffen wir das einfach nicht. Das muss auch so gehen!" Das ist typisch Manager: Geht nicht mit? Dann muss das auch ohne gehen! Was muss, das muss! Das Erstaunliche daran: Das funktioniert tatsächlich oft! Warum?

Weil es kompensatorische Komponenten gibt. Da gab es im tiefsten Schwaben zum Beispiel mal ein Familienunternehmen, das beim Generationenwechsel drei Jahre lang seine Produkte erfolgreich verkaufte – ohne einen Katalog oder einen Prospekt, weil die Tochter des Firmeninhabers Kunst studiert hatte und mit dem Katalog ein Kunstwerk errichten wollte, das nie fertig wurde. Eigentliche eine Sales-Katastrophe. Doch die Verkäufer dachten sich „Was muss, das muss!", hängten sich eben doppelt so stark rein und bastelten selbst sozusagen als Kompensation für das totale Managementversagen eigene Verkaufsunterlagen am PC: operative Kompensatorik. Bei virtuellen Teams habe ich selten solche Kompensationsaktivitäten beobachtet (weil der Teamgeist fehlt – und hier beißt sich die Katze in den Schwanz).

Eben weil die Teammitglieder isoliert voneinander „aufbewahrt" werden, manifestieren sie das typische Prisoners' Dilemma: Ich bin getrennt von meinen Mithäftlingen, also kompensiere ich nicht, sondern maximiere meinen individuell-rationalen Nutzen mit dem Resultat, dass es uns allen danach und deshalb schlechter geht. Auch mir! Wenn ein Manager also fordert: „Bei diesen Entfernungen muss das auch ohne Präsenz-Kick-off gehen!", dann verlässt er sich auf kompensatorische Komponenten, die es in virtuellen Teams praktisch nicht gibt. Er überschreitet die Wirkungsgrenze seines Rezeptes (Was muss, das muss!) und bemerkt das noch nicht mal. Was fatal ist und die Minderleistung vieler virtueller Teams erklärt. Worin besteht diese Erklärung?

Betrachten wir dafür die alltägliche Teamkommunikation. Kian in London mailt Rüdiger in Hannover: „Where are the new drafts? You promised to deliver yesterday!" Rüdiger liest die Mail, dreht sich zu seiner Kollegin um und sagt: „Kennst du einen Kian? Kann es sein, dass der auch in diesem komischen neuen virtuellen Team ist? Möchtest du mal lesen, was der mir grad schreibt? Was der sich einbildet! Frechheit. Also der wartet jetzt gleich mal noch zwei Tage länger auf die neuen Entwürfe!" So kommunizieren Menschen miteinander, die isoliert voneinander leben und arbeiten. Sie führen das Prisoners' Dilemma auf. Immer und immer wieder. Merkt das denn keiner?

Hätte Kians und Rüdigers Teamleiter auch nur für einen kleinen Kickoff die Isolation überwunden und beide (nebst allen anderen Teammitgliedern) zu einem Präsenz-Meeting eingeladen, wo sich beide (und alle anderen) persönlich kennengelernt hätten, hätte Rüdiger stante pede zurückgemailt: „Kian! Awfully sorry! I know, I promised, but all hell broke loose here yesterday. Thanks for the reminder! I will lock my office door, switch off my e-mail and will send you the drafts this evening. Sorry!" Damit wäre das Problem erledigt. Und damit hätten Rüdiger und Kian gleichzeitig auch noch praktisch nebenher ein übles altes Märchen als solches entlarvt:

> **Das Technik-Märchen: Virtuelle Informations- und Kommunikationstechnik funktioniert!**

Das tut sie eben nicht. Nicht da, wo sie am nötigsten gebraucht wird: in virtuellen Teams. Dass Kian in London und Rüdiger in Hannover via E-Mail verbunden sind, heißt eben nicht, dass dank der Segnungen der modernen Kommunikationstechnologie damit schon die Isolation überwunden wäre. Ganz im Gegenteil! Sie wird zementiert. Technik allein kann keine Einstellungen ändern! Sonst könnte man auch Psychotherapie per PC betreiben! Nein, es ist gerade umgekehrt:

> Die tolle virtuelle Technik funktioniert erst dann, wenn die persönliche Isolation überwunden ist.

Isolation hat eben weniger mit Entfernung oder Technik und mehr mit persönlicher Entfremdung und Beziehungspflege zu tun. Worauf ein Teamleader mal meinte: „Persönlich kennen wir im Team uns nicht – aber wir haben ja E-Mail!" Hört sich unglaublich an, aber das höre ich draußen in der Praxis ständig von TeamleiterInnen. Ich lasse sie oder ihn dann einige Wochen wursteln, dann rufen sie mich meist entnervt an: Die Teamprobleme rauben ihnen den Schlaf. Nicht mal E-Mail oder Telefon funktionieren richtig, wenn man zuvor keinen persönlichen Kontakt hergestellt hat. Natürlich: Sie werden immer einige Teammitglieder haben, die einfach genial sind und sogar mit einem so unpersönlichen Medium wie dem Telefon schnell und sicher einen persönlichen Draht zu anderen Teammitgliedern herstellen können. Es gibt solche Genies, solche großen Kommunikatoren. Aber eben selten. Wenn Sie sie haben: Glückwunsch. Mein Tipp ist jedoch: Verlassen Sie sich nicht darauf, dass Sie genügend solcher Genies im Team haben. Das wäre ein Glücksfall.

Gehen Sie lieber vom Normalfall aus: Die Teammitglieder haben keine gemeinsame Teamidentität (s.o.), sind und fühlen sich isoliert voneinander und entwickeln daher die komplette Symptomatik, die alle isolierten Individuen der Spezies Homo Sapiens zwangsläufig entwickeln. Auf gut Deutsch: Sie können nicht miteinander umgehen. Sie fahren sich mit Telefonaten und E-Mails unabsichtlich und unbewusst ständig gegenseitig an die Karre. Konflikte entstehen daraus, schwelen latent oder brechen offen aus – beides schwächt die Teamleistung. Eine Lawine von unvermeidlichen Missverständnissen begräbt die Effizienz. Das Misstrauen untereinander wächst. Was tun? Zunächst etwas sehr Einfaches:

> Erkennen Sie die Isolation virtueller Teams als Risikofaktor und die diesbezügliche Nutzlosigkeit der Kommunikationstechnologie. Es ist nicht Kommunikation, sondern Management. Sagen Sie sich und Ihrem Team: Das müssen wir managen!

Das ist kein Neujahrs-Vorsatz, das ist ein Quantensprung des virtuellen Teammanagements. Denn bislang unterschätzen oder übersehen die meisten Manager die Negativeffekte der virtuellen Isolation. Wer diesen Blinden Fleck überwindet, hat die besten Chancen, die virtuelle Isolation aufzuheben. Wie Sie das im Detail schaffen, betrachten wir in Kapitel 4.

Überbrücken Sie Entfernungen!

Was ist das herausragende Merkmal von virtuellen Teams? Klar, logisch: die Entfernung der einzelnen Teammitglieder voneinander. Aber genau dafür gibt es doch die moderne Informations- und Kommunikationstechnik! Streng genommen gibt es virtuelle Teams doch erst, seit diese moderne Technik sie möglich gemacht hat, indem sie große Entfernungen zuverlässig überbrückt. Zuverlässig? Dass ich nicht lache. Lachen Sie mit?

Erfahrene Teamleader halten sich an dieser Stelle den Bauch vor Lachen und erzählen in Trainings ihre War Stories. Eine Teamleiterin zum Beispiel erzählt: „Ich berichte dem Lenkungsausschuss, dass wir große Verständigungsprobleme mit Rumänien haben. Darauf sagt ein Vorstandsmitglied: Wieso? Geht das Telefon nicht?" Als sie das im Seminar erzählte, wischten sich elf teilnehmende TeamleiterInnen die Lachtränen aus den Augen. Nur einer schaute verständnislos: Er hatte noch nie ein virtuelles Team geleitet. Er wusste nicht: Dass Rumänien telefonisch erreichbar ist, heißt noch lange nicht, dass keine Missverständnisse zwischen Rumänien und Deutschland entstehen. Obwohl die Entfernung rein technisch überbrückt ist, ist sie es kommunikativ nicht. Die Überbrückung ist gescheitert:

> Die Überbrückung von Entfernungen im Team ist keine Frage der Technik, sondern der Medienwahl.

Das erkennt jedes erfahrene Teammitglied spätestens dann, wenn es nach tagelangem Hin und Her von E-Mails endlich zum Telefonhörer greift und direkt mit dem Kollegen da draußen spricht: Nach fünf Minuten Telefonat ist alles paletti. Warum nicht gleich so? Weil die Wahl der richtigen Technik wichtiger ist als ihr bloßes Vorhandensein.

Natürlich gibt es das Problem auch umgekehrt. „Diese Spanier rufen mich jeden zweiten Tag an und quasseln mir stundenlang das Ohr blutig!", beschwert sich der Ingenieur in Marseille. „Warum schicken die nicht einfach mal eine E-Mail?" Weil Medienwahl nie ein Thema im Team war – und weil Spanier tendenziell eine Präferenz für persönlichen Austausch pflegen.

Der Klassiker bei der fehlgeschlagenen Überbrückung von Entfernungen ist die Videokonferenz. Nach jeder dieser Konferenzen denkt das Topmanagement: „So, jetzt ist alles klar!" Die Teammitglieder, die mit den ausgetauschten Informationen nun ihre Arbeitspakete anpacken sollen, klagen mir jedoch ständig: „Was hat das denn jetzt gebracht? Die meisten Fragen sind immer noch offen!" Das Topmanagement sitzt dem Mythos auf: „Wenn es modern und teuer ist, ist es gut!" Oder: „Weil wir uns alle sehen können, werden automatisch und ohne dass wir was dazutun müssen auch alle relevanten Informationen ausgetauscht!" Naiver Glaube. Die Teammitglieder haben ein anderes Credo: „Eine Videokonferenz, eine Telko, ein Call, eine E-Mail oder ein Dossier nützen mir nur was, wenn sie die Info enthalten, die ich brauche!" Zu welchem Credo tendieren Sie? Und warum sind Sie damit in der Minderzahl? Weil die meisten Menschen nicht zwischen Telefon und E-Mail unterscheiden können: Medienwahl? Fehlanzeige!

Weil die Wahl des richtigen Mediums jedoch so entscheidend für den Teamerfolg ist, betrachten wir sie ausführlich in den Kapiteln 9 bis 11. Jetzt wenden wir uns der vierten und (auch für Ihre Beziehung/Familie) interessantesten virtuellen Herausforderung zu: Macht ohne Macht.

Influencing: Macht ohne Weisung

Eigentlich ist schon ein „normales" Projekt eine Zumutung: Du bist Teamleiter deiner Teammitglieder, die für dich arbeiten sollen, aber damit halten sie sich vornehm zurück, weil du nicht ihr Chef bist und ihnen nichts anweisen kannst! Du kannst dich bloß mit ihnen „abstimmen". So denkt sich das die Geschäftsleitung und die Schreiber von Projektmanagementbüchern. In der Praxis funktioniert das nicht.

Nicht weil die Teammitglieder sich nicht abstimmen könnten, sondern weil sie meist total überlastet sind und nicht noch Zeit haben für ein weiteres Projekt. Vor allem dann, wenn sie bereits in drei, vier verschiedenen Projekten mitarbeiten (müssen). Sie arbeiten dann a) nicht wirklich gut mit und lassen sich b) nicht wirklich was sagen. Die Konsequenzen kennen wir alle: Planabweichungen und Verspätungen von Arbeitspaketen, Meetings werden geschwänzt, genervte und patzige Teammitglieder halten die Besprechungen auf … Keinen dieser projekttypischen Missstände kann der Teamleiter per ordre de mufti, per Anweisung oder disziplinarischer Androhung beheben. Er ist machtlos, ein Papiertiger, ein Eunuche, herzlichen Glückwunsch auch. Aber genau für diese Situation wurde Influencing entwickelt: Führen ohne Macht. Funktioniert das?

Meist sogar besser als Führen mit Macht. Wer ohne Macht führen kann, führt auf jeden Fall besser. Denken Sie an jede Mutter, die im Gegensatz zu ihrem Mann keine 10 000 netto pro Monat mit nach Hause bringt, in eben diesem Zuhause jedoch das uneingeschränkte Sagen hat: Influencing. Denken Sie an Kissinger, der damals den Nahostfrieden bewerkstelligte und weder die Israelis noch die Ägypter herumkommandieren konnte oder durfte: Influencing. Macht ist etwas für Anfänger, für Amateure. Nichts gegen Macht. Aber ein echter Leader braucht diese Krücke nicht. Was braucht er dann?

Lediglich die richtigen Influencing Tools. Es gibt eine Schatzkiste dieser Instrumente, die Sie detailliert und transferfreundlich in Kapitel 6 kennen- und anwenden lernen werden. Aber im Prinzip müssen Sie das nicht mal: Sie kennen das alles eigentlich schon. Sie wenden viele dieser sanften Überzeugungstechniken bereits an. Wenn Sie zum Beispiel zum Fußballkumpel sagen: „He, Paul, toller Schuss!" Und Paul wird Ihnen in der nächsten Spielsituation eher den Ball zupassen als wenn Sie ihm nicht diese Wertschätzung zugeworfen hätten:

> **Wertschätzung ist eines der mächtigsten Influencing Tools.**

Vorgesetzter, Mannschaftskapitän oder Trainer müssen Paul anweisen, damit er Sie anspielt. Sie müssen das nicht. Sie brauchen das nicht. Sie brauchen keine hochnotpeinliche Anweisung. Sie schaffen das auch so. Warum funktioniert das? Weil das in der Hardware des Menschen verankert ist. Wie schon in der Bibel steht: „Der Mensch lebt nicht vom Brot allein." Nein, er kann gut und gerne auch mal eine Woche ohne Brot leben. Aber ohne Wertschätzung, Lob, Anerkennung und ein nettes Wort kann er nicht gut und vor allem nicht gerne auch nur einen einzigen Tag leben. Aus diesem Grund scheitern übrigens die meisten Ehen, wie mir ein Scheidungsanwalt einst versicherte.

Ein anderes Influencing-Instrument, das Sie sicher schon kennen, aber ebenso sicher nicht ausreichend im virtuellen Teamkontext einsetzen, ist der blanke Eigennutz. Betrachten wir ein Beispiel:

Janine: „Warum haben Sie den Code für unsere Steuerung immer noch nicht geschrieben?"

Petra: „Ich habe auch noch was anderes zu tun! Ihr Projekt ist nicht mein einziges Projekt! Ich habe noch vier andere an der Backe – und jedes ist wichtiger als Ihres!"

„Okay, das sehe ich ein. Wann würde Ihnen unser Arbeitspaket mehr Spaß machen?"

„Wenn die Spezifikationen nicht so bescheuert restriktiv wären! Ich bin doch kein Codierknecht!"

„Wie wäre es, wenn Sie zwar die Automatik komplett nach Spezifikation programmieren würden, bei der Handsteuerung aber total kreativ sein dürften?"

„Echt? Das geht? Dann setz ich mich doch gleich heute Nachmittag dran. Denn sowas macht mir Spaß!"

Gesprächsziel erreicht. Dank Influencing via Eigennutz. Das einzige Problem dabei ist, herauszufinden, wo der Eigennutz eines Teammitglieds liegt. Das ist durchaus eine Kunst. Deshalb brauchen so viele Vorgesetzte die reine, nackte Macht: Sie beherrschen diese Kunst nicht. Aber Sie bald. Spätestens nach Kapitel 6.

In aller Kürze: Das ist Ihr Job!

- Wenn Sie die Kurzfassung wollen, können Sie das Buch jetzt beiseitelegen. Denn Sie wissen nun alles, was Sie für virtuellen Teamerfolg wissen müssen.
- Sie kennen die vier großen Herausforderungen der Virtual Leadership: Identität – Isolation – Entfernung – Influencing

- Jedes Versagen eines virtuellen Teams kann darauf zurückgeführt werden, dass der Teamleader an einer oder mehreren dieser vier Herausforderungen scheiterte.
- Was heißt scheitern? Die wenigsten Teamleader scheitern daran. Sie ignorieren sie oder halten sie für trivial. Böser Fehler!
- Alle erfolgreichen virtuellen Teams sind nicht deshalb erfolgreich, weil ihre versammelte technische Intelligenz oder Marktkenntnis so hoch wäre – die sind in vielen Teams hoch.
- Nein, erfolgreiche Teams sind erfolgreich, weil sie eine eigene Identität formen und pflegen, weil sie die virtuelle Isolation überwinden, die physische Entfernung überbrücken und weil der Virtual Leader Influencing beherrscht – das machtfreie Führen.
- Mit welchen konkreten Maßnahmen Sie das schaffen, erfahren Sie in den folgenden vier Kapiteln.

„Steck einen Anzugträger in eine KI
und er wird
Toni M., Armee-Ausbilder

3 Die Macht der Identität

Das FBI und die unsichtbare Kraft

George ist Teamleiter in einem internationalen Unternehmen. Sein Team ist groß: 35 Mitglieder. Weil er sein Budget nachverhandeln muss, besucht er die Zentrale in Toulouse. Er muss dem Vorstand präsentieren. Zehn Minuten vor dem großen Auftritt versagt sein Notebook. Hardware Crash. Er steht völlig entnervt im Vorstandssekretariat, da kommt zufällig ein Manager vorbei: „George, c'est vous?" Ein Teammitglied! Innerhalb von fünf Minuten organisiert er den passenden Ersatz-Laptop. George stöpselt seinen USB-Stick ein und präsentiert. Der Franzose sagt, übersetzt: „Welches Team lässt schon seinen eigenen Teamchef hängen!" Ich könnte ihm aus dem Stand zwei Dutzend nennen. Was sind das denn für Teams? Was tippen Sie?

Richtig: Teams mit schwachem Wir-Gefühl. Zusammenhalten, sich gegenseitig unterstützen, auch mal raushauen, füreinander da sein, bereitwillig den Fehler eines Kollegen ausbügeln, voll hinter dem eigenen Teamleader stehen – das tut man nur in einem Team, in dem ein starker Korpsgeist herrscht. Das klingt logisch, das versteht jeder, aber das findet man selten. Warum? Weil man einen Bürostuhl sehen und anfassen kann, aber eine Teamidentität nicht.

> Identität ist der Single Most Important Factor in virtuellen Teams. Sie ist die treibende Kraft – aber leider unsichtbar.

Wie stark Identität wirkt, beschreibt der ehemalige FBI-Agent Joe Navarro in seinem Bestseller „Menschen verstehen und lenken". Das FBI stellte zwei Agenten-Teams dieselbe (hypothetische) Aufgabe: Geiselnahme, bewaffnete Geiselnehmer – entwerft einen Plan zur Rettung der Geiseln! Die einzige experimentelle Variable dieses Experiments war? Ohne Witz: die Kleidung.

Die eine Gruppe steckte das FBI in die üblichen Businessanzüge. Die andere in die Cargo-Hosen und Poloshirts der Sondereinsatzkommandos – ohne Waffen natürlich. Rein von Sachaufgabe und Ausbildung her hätten beide Teams ähnliche Lösungswege, -optionen und Entscheidungen finden müssen. Taten sie aber nicht. Denn:

> In (virtuellen) Teams ist die Sachaufgabe zweitrangig. Den größten Effekt auf die Teamleistung hat die Identität.

Was tippen Sie? Welche Lösungen schlugen die Teams vor? Richtig: Die Anzugträger schlugen eine Verhandlungslösung vor. Die Cargo-Hosenträger sagten: „Scharfschützen, Rammbock, Blendgranate – und mit dem Finger am Abzug rein durch die Vordertür!" Irre: Die Cargo-Hosen wirkten wie ein Aufputschmittel. Während die Anzüge die Teamidentität „Businessleute verhandeln!" schufen, kreierten die Cargo-Hosen die Identität „Hier kommt die Sturmtruppe!" Ergo:

> Die Teamidentität beeinflusst Vorgehensweise, Performance und Ergebnis eines Teams auf dramatische Weise. Und sie

> lässt sich ihrerseits hervorragend und oft mit verblüffende
> einfachen Mitteln beeinflussen und formen.

Wie machen Sie das?

Indem Sie Cargo-Hosen verteilen?

Ziele statt Cargo-Hosen

Was dem FBI die Hosen sind, sind dem Virtual Teamleader gemeinsame sinnstiftende Ziele. Wie bitte?

Aber das hat doch jedes Team! Theoretisch ja, praktisch nein. Wenn ich mit Teammitgliedern rede, sagen mir diese zum Thema „Teamziel" in mehr als zwei Dritteln der Fälle: „Was das Ziel meines Arbeitspaketes ist, weiß ich natürlich. Aber was ist eigentlich das übergeordnete Projektziel? Was bringt dieses Projekt dem Unternehmen? Den Endanwendern? Was erreichen wir damit? Was wird damit besser? So genau weiß ich das nicht. Vielleicht geht mich das auch gar nichts an. Hauptsache, der Teamleiter weiß das." Welche Teamidentität spricht da aus dem Teamitglied? Gleichgültigkeit, Verwirrung, Desorientierung, Indolenz. Noch nicht einmal Interesse, geschweige denn Identität. Was in einem klassischen Team nicht so schlimm ist.

Denn in einem traditionellen Team sind die physischen Entfernungen gering, ist daher die Isolation (s. Kapitel 4) der Teammitglieder schwach, weshalb sich viele relativ oft über den Weg laufen, gemeinsam essen gehen, in der berühmten Kaffeeküche stehen – und über diese Rituale und Begegnungen die nötige und entscheidende Teamidentität aufbauen und pflegen. Das alles fehlt dem virtuellen Team. Deshalb:

> **Virtuelle Teams brauchen Teamziele als Identitätsstifter!**

Leider versagen genau an diesem Punkt viele Virtual Leaders, weil bereits in herkömmlichen Teams das übergeordnete Projektziel nur untergeordnet kommuniziert wird.

> **Jedes Team hat Ziele. Doch für virtuelle Teams hat das gemeinsame Ziel eine geradezu existenzielle Bedeutung.**

Das gemeinsame und vehement kommunizierte Ziel hält ein virtuelles Team auch über die größte Entfernung zusammen. Es überwindet Entfernung und Isolation. Es ist quasi das gemeinsame Dach, unter dem sich alle versammeln. Ohne dieses Dach stehen die Mitglieder im Regen. Ein gemeinsames Ziel ist die beste Identifikations-, Motivations- und Loyalitätsbasis für Virtual Team Members – und das beste Führungsinstrument der Virtual Leadership. Warum? Aus einem einfachen Grund.

Teamleader fragen mich häufig: „Woher soll ich wissen, ob meine Teammitglieder auch wirklich tun, was ich von ihnen erwarte – wenn ich die nicht sehe?" Die Antwort ahnen Sie: das gemeinsame, sinnstiftende Ziel. Je stärker ein Teamziel gemeinsam gefasst und sinnstiftend formuliert wurde, desto eher können Sie davon ausgehen (und auch kontrollieren), ob Ihr Team das macht, was es machen soll. Ebenfalls eine häufige Frage: „Woher weiß ich, dass meine Teammitglieder das, was sie machen sollen, auch mit der nötigen Motivation machen?" Selbe Antwort: gemeinsames, sinnstiftendes Ziel. Wenn Teammitglieder im Meeting nach lebhafter Diskussion zu der Vereinbarung kommen, „Ja, das ist unser Ziel!", dann hängen sie sich auch motiviert für dieses Ziel ins Zeug. Das ist selbstverständlich? Theoretisch ja, praktisch alles andere.

Denn mit „gemeinsamem, sinnstiftendem Ziel" meine ich natürlich nicht das offizielle Projektziel. Das hat jedes Projekt, das kennt auch jedes Teammitglied, die Vorgaben sind ja meist mehr als deutlich (und leider oft genauso ehrgeizig). Aber das ist es nicht, sondern: Wenn Sie zehn Mitglieder im Team haben, haben Sie elf Meinungen zum Projektziel. Für den Ingenieur im Team ist das Projektziel selbstverständlich eine State-of-the-Art-Entwicklung, für den Marketing-Experten „die geilste Launch-Kampagne aller Zeiten!", für den Controller „endlich mal ein Projekt ohne Budgetüberschreitung". Das kennen wir alle. Das weiß auch der Team-Amateur. Der Profi jedoch macht dieses Wissen explizit.

Er fragt explizit seine Leute: „Was ist aus Ihrer Sicht das Ziel des Projektes?" Er lässt jede(n) antworten. Er visualisiert die recht unterschiedlichen Antworten – wozu gibt es (virtuelle) Pinnwände? Und dann lässt er lebhaft diskutieren, um aus den vielen divergenten, individuellen Zielen den gemeinsamen Nenner herauszuarbeiten, der wie heißt? Eben: gemeinsames, sinnstiftendes Ziel (GSZ). Ich habe das so oft wiederholt, weil Sie es sich einprägen sollten. Es gibt Ziele und es gibt Ziele. Sorgen Sie dafür, dass Ihr Team das richtig hat, nämlich ein ... Sie wissen schon.

So ein GSZ fällt nicht vom Himmel oder vom Büro des Auftraggebers herunter. So ein GSZ finden Sie nur, wenn Sie alle fragen und dann gemeinsam diskutieren und sich austauschen. Allein dieser Austausch erschafft bereits ein starkes Teamgefühl, auf das viele 08/15-Teams verzichten müssen, weil sie meinen, solche Zieldiskussionen seien „unnötig" oder „Luxus". Ein blamables Beispiel dafür betrachten wir jetzt.

Wer Visionen hat, sollte zum Arzt gehen

Wie wichtig das Teamziel ist, weiß auch die Geschäftsführerin eines Nahrungsmittelherstellers im Norden Deutschlands. Seit der Globalisierung sind immer gut ein halbes Dutzend virtueller Teams in ihrem Unternehmen am Werkeln. Deshalb schickt sie jedes neue Projekt mit einer explizit so bezeichneten „Zielorientierung" ins Feld.

Den Teammitgliedern des neuesten virtuellen Projektes schreibt sie zum Beispiel per E-Mail: „Mit der neuen Nährstoffmischung wollen wir insbesondere das schnell wachsende Segment der Health&Lifestyle-Kunden erobern." Was meinen Sie?

Ist das eine gelungene Zielansprache? Stiftet das Teamidentität? Es stiftet Irritation. Hier einige Zitate von irritierten Teammitgliedern:

- „Was sind denn Health&Lifestyle-Kunden? Ich wusste gar nicht, dass wir sowas haben."
- „Erobern klingt ja gut. Aber was, bitte, erobern wir denn? Geht das nicht etwas genauer?"
- „Hat sie beim letzten Projekt nicht dasselbe gesagt?"
- „Ich glaube, sie meint damit: Der neue Protein-Riegel, den wir entwickeln, wird der Renner in Fitness-Studios!"

Ich weiß ja nicht, wie es Ihnen geht. Aber ich bin auch Führungskraft, im eigenen Unternehmen, und finde es etwas peinlich, wenn meine Mitarbeiter sich gezwungen sehen, Aussagen von mir erst mal mit dem Wörterbuch „Manager – Deutsch" in verständliche Sprache zu übersetzen. Was die Geschäftsführerin da proklamierte, ist kein Teamziel, sondern eine Vision. Also abgehoben, spaced out, abstrakt, nebulös. Auf keinen Fall das, was es sein soll: identitätsbildend. Warum passieren selbst gestandenen ManagerInnen solche vermeidbaren Fehler? Weil sie normalerweise stillschweigend korrigiert werden. Von ihren MitarbeiterInnen.

Das passiert zumindest in klassischen Teams. Da erklärt dann irgendein alter Hase nach dem Meeting den lieben KollegInnen: „Was der

Oberboss eben meinte, ist konkret ausgedrückt: ..." Diese Korrektur erfolgt in virtuellen Teams nicht. Dort beobachte ich äußerst selten E-Mail-Diskussionen zur Frage „What the fuck does he/she want from us?" Virtuelle Teams klären nicht, sie zerfallen. Deshalb sollte die Aufgabe der Zielklärung der Virtual Leader übernehmen. Tut er/sie es? In Ihrem Team, Ihrem Unternehmen?

> Geben Sie einem virtuellen Team eine wolkige Vision und seine Identität löst sich genauso wolkig auf.

Natürlich: Auftraggeber formulieren oft und gerne wolkig. Geschenkt. Dann ist es Ihre Aufgabe als Virtual Teamleader, daraus ein gemeinsames, sinnstiftendes Ziel zu formulieren. Das machte auch der Teamleader im erwähnten Beispiel. Wie ein Teammitglied richtig geraten hatte, lautete das, was die Geschäftsführerin tatsächlich meinte: „Wir entwickeln den besten Protein-Power-Riegel für Fitness-Studios und Krankengymnastik-Praxen!" Ahh!, ging es durch das Team. Man merkte fast physisch, wie das plötzlich Sinn machte. Wie das motivierte. Wie das die gewünschte Identität schuf: „Wir sind das Team mit dem Super-Power-Riegel!" Wenn Teammitglieder ihre eigenen Vorgesetzten ins Deutsche übersetzen, ist das übrigens mehr als eine Notlösung zur Kompensation von Kommunikationsschwächen im Management:

> Teamziele wirken umso motivierender, sinn- und identitätsstiftender, je stärker Sie das Team in die Zielformulierung einbeziehen.

Bitte nehmen Sie das ernst. Ein von oben herab vorgegebenes gemeinsames Ziel ist ein Oxymoron, ein Widerspruch in sich! Wie kann etwas "gemeinsam" sein, wenn es von oben vorgegeben wird? Wer nicht mitreden darf, fühlt sich nicht als Mitglied eines Ganzen, sondern ausgeschlossen. Daher:

> Das gemeinsame, sinnstiftende Teamziel ist bereits Teamaufgabe. Eine der ersten.

Wo erledigen Sie diese Aufgabe am besten? Richtig geraten.

Kick-off!

Brauchen wir wirklich einen Kick-off? Wenn ich jedes Mal einen Euro bekommen hätte, als diese Frage fiel, würde ich jetzt unter Palmen ins Notebook tippen. Tue ich aber nicht. Was würden Sie antworten?

Nach allem, was Sie bislang gelesen haben und nach allem, was Sie schon wissen, kann die Antwort nur lauten: Ja. Wenn es ein Team gibt, das einen Kick-off nötiger braucht als alle anderen Teams, dann ist es das virtuelle Team. Ein klassisches Team bildet seine Identität auch dank der bereits ad nauseam wiederholten informellen Kontakte, Rituale und Kompensationshandlungen aus. Deshalb kann es zur Not (!) auf einen Kick-off verzichten. Ein virtuelles Team nicht.

Ich weiß, das hört keiner gerne. Folgerichtig versuchen Manager ganz oft, den ungeliebten Kick-off zu vermeiden, was Projektmanagement-Trainer und -Experten (und aufgeklärte Teams!) regelmäßig die Wand hochtreibt. Die Ausreden dafür sind bekannt: „Keine Zeit!" Was natürlich Unfug ist: Jede Minute Kick-off zu Beginn eines Projektes spart dem Unternehmen mitten im Projekt Tage und Wochen unnötiger Verspätungen. Auch beliebt: „Kein Budget!" Aha, interessant. Woher kommt dann plötzlich das Geld, das man braucht, um die Pannen im Projekt auszubügeln, die allein deshalb passieren, weil die Teammitglieder sich zu Beginn nicht richtig abgestimmt haben und keine gemeinsame Identität bilden konnten? Manchmal habe ich den Eindruck, dass die Antwort keinen interessiert. Bis auf die supererfolgreichen Unternehmen und ihre virtuellen Teams. Die kennen die Antwort.

> Keinen Kick-off zu veranstalten spart kurzfristig etwas Geld und Zeit. Einen Kick-off zu veranstalten spart langfristig unvergleichlich mehr Geld und Zeit.

Das hat sich auch herumgesprochen. Deshalb genehmigen viele Topmanager nolens volens eben einen Kick-off, halten aber gleichzeitig den Daumen aufs Budget. Konsequenz: Es reicht für den Kick-off nur zur Telefonkonferenz. „Was wollt ihr denn? Da habt ihr doch euren Kick-off!" Nein, haben wir nicht. Natürlich spart eine Telko Kosten. Das ist der Vorteil. Der Nachteil: Am Telefon findet so gut wie kein persönliches Kennenlernen statt, kein echter Austausch, jeder fühlt sich irgendwie unverstanden. Und so bildet sich vom Startschuss an das Gegenteil von Teamgefühl. Was viele Topmanager nicht davon abhält, „mehr Teamgeist" zu fordern. Genauso gut könnte man im März vor einen Acker stehen und fordern, dass sofort die Kartoffeln aus dem Boden ploppen. Das macht der Acker nicht. Das ist nicht drin, das liegt nicht in der Natur der Dinge.

Die zweite Billigversion eines Kick-off ist nicht viel besser: klassische Präsentation mit Powerpoint, Projektleiter hält Monolog, Auftraggeber hält Jetzt-geht's-los!-Rede, die Arbeitspakete werden verteilt und der Terminplan studiert – und am Abend gehen alle zusammen Kegeln; fürs Wir-Gefühl. Nichts gegen Kegelabende. Aber findet man dabei das gemeinsame, sinnstiftende Ziel (s. o.)? Sicher nicht. Dass man mal gemeinsam ein Bierchen gezischt und die Kugel geschoben hat, heißt doch nicht, dass man nun ein GSZ hat, für das sich alle reinhängen. Sonst müssten Fußballstadien und Bowlingbahnen offiziell als Methoden der Personalentwicklung zugelassen werden … Das werden sie nicht. Weil klar ist: Im Stadion findet keiner ein GSZ. Wo dann? Und: Wie dann?

Smarte Ziele

Bei der gemeinsamen Aussprache über die recht unterschiedlichen Zielvorstellungen Ihrer Teammitglieder sollten Sie diese Unterschiedlichkeiten unter einen Hut bringen. Das ist das eine. Das andere ist: Ihr gemeinsames, sinnstiftendes Ziel muss bestimmte Eigenschaften erfüllen, damit Sie es erreichen können. „Mehr Umsatz!" – eines der berühmtesten und häufigsten „Ziele" ist zum Beispiel kein Ziel. Es ist ein frommer Wunsch. Weil es die nötigen Eigenschaften nicht erfüllt. Wir könnten es deshalb auch ein „dummes Ziel" nennen. Besser sind smarte Ziele.

Die s.m.a.r.t.-Methode der Zielformulierung hat sich seit Jahrzehnten bewährt. Weil sie einfach zu merken und einfach anzuwenden ist. Und weil sie vor allem in nur fünf Schritten alle Mängel heilt, unter denen Zielformulierungen normalerweise leiden. Ziele, die motivieren und Identität bilden, sind s.m.a.r.t. formuliert:

s wie spezifisch, simpel, selbst initiiert und kontrolliert
m wie messbar
a wie attraktiv und „als ob"-formuliert
r wie realistisch
t wie terminiert und total positiv

Wenn Sie Managern, Vorgesetzten, Konkurrenten oder KollegInnen bei der Zielansprache zuhören, werden Sie in den meisten Fällen auf Anhieb klare Eigentore heraushören:

- 💣 Der eine redet ständig in Normativen: „Wir sollten … wir müss(t)en …" Wie wirkt das? Schwach, demotivierend, weil es Druck und Zwang aufbaut statt Motivation: Das A-Kriterium ist verletzt (s. u.).
- 💣 Die andere fordert: „Die Kosten müssen runter!" Okay, wie viel ist „runter"? Das M-Kriterium ist verletzt: Das Ziel ist nicht messbar (s. u.).

Die meisten Zielformulierungen, denen Sie im Alltag begegnen, verletzen gleich mehrere der s.m.a.r.t.-Kriterien. Kein Wunder, dass so viele virtuelle Teams identitätslos durch den Äther schweben.

> **Betrachten Sie jeden einzelnen Buchstaben von s.m.a.r.t. als Booster-Rakete für Ihr virtuelles Team.**

Zünden Sie jede dieser Raketen und staunen Sie, wie Ihr Team abgeht. Bereit für die erste Zündung?

Der S-Booster

Ich amüsiere mich, wenn ein Manager von seinem Team fordert: „Wir brauchen mehr Marktpräsenz!" Das ist kein Ziel. Das ist ein Wunsch. Was heißt „mehr Marktpräsenz!" denn? Bei wem? Neu- oder Altkunden? Mit welchen Produkten? Wenn der Auftraggeber schon nicht den Booster-Knopf finden kann, dann drücken Sie ihn wenigstens. Machen Sie aus schwammigen Zielen S-Ziele.

S wie „spezifisch". Viele technische Projekte haben es da leichter: In die Definition der technischen Spezifikationen, in Lasten- und Pflichtenheft, wird viel Zeit investiert. Diese Zeit sollten Sie nicht nur in technische Projekte investieren. Jedes Vorhaben braucht spezifisch definierte Ziele. Also: Mehr Umsatz – wie viel mehr (s.a. M)? Bei wem? Womit? Bis wann (s.a. T)?

S wie „simpel". Ja, das Management ist nicht unbedingt dafür bekannt, dass es in einfachen Worten kommuniziert. Sollte es aber. Auch wenn man(ager) sich das erst angewöhnen muss. Denn je simpler eine Zielformulierung, desto eindrücklicher, einprägsamer und aktivierender ist ein Ziel nun mal. Gute Ziele sind simpel formuliert – im Idealfall mit nur einem einzigen Satz (und bitte keinen Schachtelsatz!). „Ach, meine Leute verstehen schon, was ich meine", höre ich oft. Frage ich „die Leute" dann, sagen die mir: „Keine Ahnung, was er von uns will. Warum drückt er es so kompliziert aus?" Weil Manager das gelernt haben und dafür bezahlt und befördert werden. Will ein Manager simpel und damit motivierend und identitätsbildend formulieren, muss er es sich erst angewöhnen. In dieser Hinsicht gibt es leider keine Naturtalente – obwohl sich viele dafür halten.

S wie „selbst initiiert und kontrolliert". Für virtuelle Teams ist dieser Aspekt besonders wichtig. Konkret: Teamziele dürfen nicht vorgegeben werden, auch nicht vom Teamleiter. Gemeinsame, sinnstiftende Ziele müssen eben auch gemeinsam definiert werden – und kontrolliert. Die virtuellen Teammitglieder sind so weit voneinander entfernt, da kann vieles lange aus dem Ruder laufen bis der Teamleader das endlich auch mitbekommt und gegensteuern kann. Daher:

> Virtuelle Teams brauchen kurze Steuerungsschleifen.

Das übergreifende Teamziel muss so kleinschrittig heruntergebrochen sein, dass das Team sich selbst kontrollieren kann, will und wird. Dass es bei allem, was es gerade tut, selbst erkennen kann: Bringt uns das jetzt unserem Ziele näher oder nicht? Je stärker dieses smarte Kriterium erfüllt ist, desto weniger Zeit, Geld und Nerven verlieren Sie mit allfälligen Planabweichungen und Verspätungen.

Bonus-Punkt: Der s.m.a.r.t.-Raster ist universell einsetzbar. Eine Abteilungsleiterin in der Textilindustrie sagte mir mal: „Wenn ich mit Mitarbeitern Entwicklungsgespräche führe und sie mir erzählen, was sie bis zum nächsten Gespräch alles ändern wollen, dann hole ich sie ganz schnell auf den Boden der Realisierbarkeit zurück, indem ich sage: Tolles Ziel, lassen Sie uns das kurz abchecken: Ist das so spezifisch genug ausgedrückt? Geht es noch etwas simpler? Können Sie das selbst initiieren und kontrollieren? Mit meinem Teenager-Sohn mache ich das inzwischen auch so, wenn er mir erzählt, dass er ab sofort mehr lernen möchte."

Der M-Booster

„Mehr Umsatz!" ist auch deshalb kein smartes Ziel, weil man „Mehr Umsatz!" nicht messen kann. Wie viel ist „mehr"? 10, 15, 100 Prozent? Natürlich kennt jeder halbwegs Gebildete den Spruch:

> „You can't manage what you can't measure!"

Trotzdem werden tagtäglich im Business „Ziele" vereinbart, deren Erreichung sich nicht eindeutig messen lässt; sogenannte qualitative Ziele. Das ist in klassischen Teams nicht ganz so schlimm. Da sorgen die bereits sattsam erwähnten informellen Prozesse für eine kompensatorische

Operationalisierung schwammiger Ziele. In virtuellen Teams erlebe ich das selten. Da erlebe ich eher die „Tough Shit!"-Reaktion: „Was soll'n das? Was wollen die jetzt konkret von uns? Egal, dann liefern wir eben, was wir glauben." Das ist erstens ineffektiv und zweitens nicht gerade förderlich zur Ausbildung einer geeigneten Teamidentität. Da beißt die Maus kein' Faden ab: Virtuelle Teams brauchen klar messbare Ziele.

Aber wenn der Auftraggeber selber keine Ahnung hat, wie viel Tausend Euro Umsatz mehr er haben möchte, respektive realistisch sind? Die Frage höre ich immer wieder. Sie hat eine einfache Antwort:

> Zielklärung ist die Mutter der Zielformulierung.

Wenn ich als Externer gerufen werde, um den Kick-off eines Teams zu moderieren, dann feilen wir oft stundenlang an der Zielfindung. Weil bei komplexen Vorhaben niemand aus dem Stand heraus sagen kann: „Wir wollen X Prozent von Y mehr!" Das weiß man nicht, das muss man erst abklären. Mit allen im Team. In der Zielklärung. Unter Zugrundelegung verschiedener Szenarien. Auch dafür ist der Kick-off da. Nutzen Sie ihn. Oder klären Sie Ihre Ziele auf andere Weise ab. Aber klären Sie sie um Himmels willen! Sonst legen Sie schon vor Start des Projekts die Wurzel allen Übels, das Sie mitten im Projekt heimsuchen wird.

Der A-Booster

Warum hört niemand gerne Politikern zu? Weil Politiker „doof" sind? Das ist die Kindergarten-Hypothese. Die etwas erwachsenere Erklärung des Phänomens besteht aus zwei Teilen: Politiker (und Manager) formulieren oft und gern

a) unattraktiv
b) normativ (fordernd)

Da gab es zum Beispiel mal ein Team in der Administration eines mittelgroßen österreichischen Unternehmens, das „Ablage und Archiv in allen Niederlassungen überarbeiten" sollte. Was halten Sie von diesem Projektziel? Gähn? Das ist die richtige Antwort. Das Ziel ist doch total unattraktiv! Noch beim Kick-off schliefen den Teammitgliedern die Füße ein! Der entscheidende Tipp kam dann von einer Sachbearbeiterin. Sie sagte: „Jedes Mauerblümchen kann man aufhübschen!" Das Team stieg darauf ein, diskutierte lebhaft und einigte sich dann gemeinsam auf das sinnstiftende und äußerst attraktive Ziel: „Wir schaffen das schnellste, zeitsparendste und bequemste Ablage- und Archivsystem unserer Firmengeschichte!" Und genau so kam es.

> **Attraktivieren Sie Ihre Ziele!**

Ist Ihnen etwas aufgefallen? Das GSZ eben lautet nicht: „Wir werden das ... schaffen!" Es lautete auch nicht „Wir müssen ...!" Die meisten Manager benützen für ihre Anweisungen dieses Hilfsverb des Forderns und des Zwangs, ohne auch nur zu ahnen, was sie mit dieser sogenannten normativen Formulierung (müsste, sollte, hätte) anrichten. Was? Klar, logisch: „Müssen" ist Druck, also das Gegenteil von Motivation. Und wo keine Motivation, da ist auch keine Identifikation. Deshalb formulierte das österreichische Projektteam: „Wir schaffen ...!" Das ist die Als-ob-Formulierung:

> **Formulieren Sie Ihr Ziel so, als ob absolut sicher ist, dass Sie es erreichen werden.**

Der R-Booster

In Teams sitzen normalerweise verschiedene Teammitglieder und diese sind, tja, hm, eben genau das: verschieden. Auch in ihren individuellen Zielvorstellungen, wie ich bereits angedeutet habe: Der Techniker im Team will die bestmögliche technische Lösung. Der Marketing-Experte will mit der Kampagne den größten Knall im All auslösen. Der Designer will den Red Dot Award abkassieren. Das ist schön, das ist ehrgeizig – aber zusammengenommen doch eher unrealistisch, n'est-ce pas?

„80 Prozent unserer virtuellen Projekte starten mit völlig unrealistischen Zielen", sagte mir mal eine genervte Spartenleiterin aus der Kosmetik-Branche. „Weil die einzelnen Teammitglieder sich nicht aufeinander abstimmen! Wir brauchen Teamleader, die ihre Teams auf den Boden des Erreichbaren runterholen!" In der Tat. Und das ist hohe Moderationskunst, wie jeder weiß, der schon mal einem begeisterten Ingenieur die allerbeste Super-Duper-Lösung ausreden wollte/musste. Dabei ist das Rezept dafür nicht schwer:

> Niemand holt sich gerne eine Abfuhr, jeder wird gerne gewürdigt. Also würdigen Sie! Sagen Sie stets zum Ideengeber maximal ehrlich: „Tolle Idee. Phantastisch." Anerkennen Sie so der Reihe nach alle Ideen. Und dann richten Sie die Frage ans ganze Team: „Wie machen wir nun aus allen diese Ideen ein gemeinsames Ziel, über das jeder von uns sagen kann: Da steckt genug von mir drin – und realistisch ist das Ganze auch!"

Der T-Booster

Man sollt meinen, dass in der heutigen Businesswelt alles terminiert ist. Tja, Freunde, falsch gemeint. Ständig hört man im Projektalltag

Sprüche wie: „Das schaffen wir doch locker bis Ende des Jahres!" Oder: „Das packen wir im Laufe des nächsten Quartals!" Und dann packt man es eben doch nicht. Mal wieder. Warum nicht? Ganz einfach:

> „Soon is not a time, some is not a number!"
> Dr. Brad Blanton

Wenn ich nicht ganz genau weiß, dass um 16.34 Uhr mein ICE fährt, dann bin ich um 17 Uhr noch am Kofferpacken ... Wer keine exakt definierte Deadline hat, der tendiert dazu, die Dinge rauszuschieben: „Eilt nicht, wir haben ja noch bis Ende Quartal Zeit." Und dann kommt das Ende vom Quartal und mit ihm das dicke Ende ...

Ähnlich diffus sind Zeitangaben wie: „Das müssen wir schnellstmöglich ändern!" Oder das im Management allseits beliebte „Das Projekt muss asap abgeschlossen werden!" Einverstanden, aber was heißt das?

Was ebenfalls bei T wie Terminierung oft vergessen wird: die Terminierung von Meilensteinen. Großprojekte haben sie (meist). Aber bei allen anderen Projekten fehlen sie oft. Das ist dann fatal, weil es häufig so ausgeht wie beim neuen Berliner Flughafen: Auf peinlichste Art und Weise muss die Eröffnung kurz vor dem anvisierten Endtermin abgesagt werden. Das kommt davon, wenn man ohne Meilensteine plant oder sie nicht ernst nimmt. Umgekehrt gilt: Wer Meilensteine terminiert, erreicht seinen Endtermin fünfmal wahrscheinlicher. Weil er Abweichungen viel früher erkennt und korrigieren kann.

Der zweite Teil vom T-Kriterium sagt: „Ziele bitte immer total positiv formulieren!" Auch das wird meist nicht gemacht, sondern: „Wir müssen runter von den Kosten!" Okay, aber runter wohin? „Diese Mängel müssen abgestellt werden!", „Wir müssen aus den roten Zahlen raus!"

Ja, klar, aber warum dann nicht gleich das Ziel anvisieren: „Wir schreiben bis zum 31.12. eine schwarze Null!" Ziele wollen positiv formuliert werden, total positiv.

Negativ-, Nicht- oder Mängelziele sind nicht nur schwammig (s. a. S und M), sie wirken auch demotivierend: „Ich will nicht mehr so dick sein!" Oje. Besser, motivierender und vor allem identitätsstiftender wirkt doch wohl: „Ich nehme fünf Kilo ab und sehe wieder aus wie mit 25!"

Wenn Teammitglieder so weit voneinander entfernt sind wie in virtuellen Teams brauchen sie ein motivierendes, total positiv formuliertes Ziel, das den Teamgeist aufrechterhält. Sie brauchen kein angstmachendes Nicht-Ziel.

Machen wir nicht ein wenig zu viel Aufhebens um Ziele?

Bauen Sie einen Leuchtturm!

Wie ich nicht müde werde zu betonen, sind die informellen Kontakte entscheidend für den Teamgeist in jedem Team. Blöd nur, dass diese informellen Kontakte in virtuellen Teams naturbedingt auf ein Minimum reduziert sind. Die Teammitglieder sehen sich untereinander viel zu selten. Schlimmer noch: Sie sehen ihren Teamleiter viel zu selten. Was sie jedoch jeden Tag sehen können, ist ihr Projektziel. Und nun sagen Sie selbst: Wenn dem so ist – welches Ziel möchten Sie dann Ihrem Team mitgeben? Doch sicher eines, das für starke Motivation, Identität und Loyalität sorgt. Genau das schaffen smarte Ziele:

> Smarte Ziele gleichen viele Schwächen virtueller Teams aus. Smarte Ziele machen virtuelle Teams stark.

Sie sind wie Leuchttürme auf stürmischer See: Sie führen das Schiff zielsicher durch den Sturm ans vereinbarte Ziel. Vor allem: Die Matrosen auf dem Schiff sind bis in die Haarspitzen motiviert. Warum?

Weil bereits klassische Teams unter einer Motivationsbremse leiden: Jedes Teammitglied kennt zwar das Ziel seines Arbeitspakets, aber das übergreifende Projektziel nur vage. „Das muss der auch nicht kennen, der soll bloß das Arbeitspaket liefern, für das er zuständig ist", erklären mir ManagerInnen manchmal. Das liefert der Mitarbeiter aber nicht oder nur schlecht. Warum? Weil es sinnlos ist aus seiner Sicht. Wenn ich nicht weiß, wofür mein kleines Detail gut ist, wie wichtig es für das große Ganze ist, dann erlebe ich weder Motivation noch Identifikation oder gar Teamgeist. Smarte Ziele bieten dem Virtual Leader die Chance, genau diese überragende Motivation herzustellen, indem er aus dem smarten Oberziel logisch stringente Unterziele für die Arbeitspakete ableitet. Die Teammitglieder werden jeden Tag hoch motiviert arbeiten, weil sie immer wissen, wofür sie gerade arbeiten. Der Leuchtturm des smarten Oberziels leuchtet bis in das kleinste Arbeitspaket hinein und leitet die Teammitglieder zielsicher in den Zielhafen.

Fan-Artikel

Vor allem amerikanische Teams flankieren ihre smarten Ziele mit „Fan-Artikeln": T-Shirts, Basecaps, Buttons, Pins, Krawattennadeln und Aufkleber mit dem Team-Logo und vielleicht einem Slogan. Läuft man zur Mittagszeit über das Firmengelände sieht man sofort: „Aha, der gehört zu Team X, sie gehört zu Team Y und diese Gruppe ist wohl die Hälfte von Team Z." Solche „Fan-Artikel" schaffen Identität.

Zugegeben: Von außen betrachtet sieht das meist sehr seltsam aus und das sagen mir viele europäische ManagerInnen auch: „Was soll denn der amerikanische Merchandising-Unfug?" In aller Regel sagen das ManagerInnen von außerhalb der betrachteten Teams. Innerhalb des Teams ist man stinksauer, wenn man so weit voneinander entfernt arbeiten muss „und dann auch noch so eine harmlose Basecap mit unserem Team-Logo drauf von den Eierköpfen da oben verboten bekommt!" Merke:

> Teamartikel sind wie Fan-Artikel: So ein Schalke-Schal ist nun wirklich keine Mode-Accessoire. Teamartikel müssen das Wir-Gefühl des Teams stärken und nicht Außenstehenden gefallen und wenn sie noch so hoch angesiedelt sind.

Unterschätzen Sie nicht die Wirkung von „Fan-Artikeln" auf Zugehörigkeits- und Zusammengehörigkeitsgefühl, Identifikation, Teamgeist und Wir-Gefühl von Teams. Warum wirken solche banalen Artikel so gut? Weil der Mensch teils Augentier, teils Haptiker ist. Alles, was er sehen und anfassen kann, bekommt doppelt so starke Bedeutung für ihn. Deshalb wirken solche Artikel auch und gerade in virtuellen Teams: Wenn man sich schon nicht persönlich sehen kann, kann man/frau doch jeden Tag die Insignien des Teams sehen, anziehen oder sich damit schmücken und dabei immer das Wir-Gefühl erleben, auf das es ankommt. Oder auf Psychologisch: Solche Artikel sind visuelle und kinästhetische Anker für den Teamgeist.

Wie stark solche Artikel wirken, können Sie jeden Samstag in der Bundesliga beobachten: Zieh einem mausgrauen und schüchternen Angestellten das Trikot seines Lieblingsvereins über und er wird zur Stimmungskanone! Ich weiß: Eigentlich ist das komisch. Aber ein extrem starker Effekt, der auf einem 40.000 Jahre alten Urinstinkt (Zugehörigkeit zu einer Gruppe) beruht. Wer im Neandertal nicht zu einer Gruppe gehörte, wurde als Einzelner binnen Tagen vom Säbelzahntiger gefressen (wenn er nicht von einem rivalisierenden Clan gemeuchelt wurde). Deshalb ist Zugehörigkeit ein extrem starker Instinkt. Ein kluger Virtual Team Leader wird auf keinen Fall auf so einen starken Effekt verzichten.

Die Identifikation mit dem Team können Sie noch weiter steigern, indem Sie sich ein prägnantes Symbol und einen markanten Namen für Ihr Team ausdenken – natürlich immer gemeinsam mit den Teammitgliedern. Dafür ist Ihr Team aber zu groß? Sie können nicht gemeinsam mit 87 Teammitgliedern einen pfiffigen Teamnamen ausknobeln? Dann berufen Sie ein Kernteam ein, das aus fünf bis neun Mitgliedern besteht. Das ist ein Kniff, der gerne praktiziert wird.

Wissen Sie, was der Turbolader der Teamidentität ist? Die wenigsten kommen drauf: Fotos. Das hat eine große Personalentwicklungsgesellschaft eher zufällig herausgefunden. Vor einigen Jahren bekamen zwei von fünf virtuellen Projekten in einem internationalen Modekonzern tatsächlich mal einen Kick-off genehmigt. Man traf sich je zwei Tage in Mailand am Stammsitz: sämtliche Teammitglieder. Es wurden die Ziele geklärt, der Projektplan grob skizziert, die Meilensteine fixiert und weil die Stimmung so gut war, machte man am Ende mit allen vor der imposanten Fassade des Firmengebäudes ein Erinnerungsfoto. Das Foto ließ sich jedes Mitglied mailen.

Alle druckten es aus und hängten es auf. Einige in Postergröße. Fast alle hatten es auf ihrem Handy, einige als Bildschirmschoner auf PC und/oder Tablet. Der Projektleiter schickte das Bild auch dem betreuenden externen Personalentwickler. Der fragte nach, was das bedeuten solle. Der Projektleiter sagte: „Das ist unsere kleine Familie. Und Sie gehören dazu!" Familie? Seit 40 000 Jahren die stärkste Teamidentität des Homo Sapiens. Mein Tipp: Just do it! Sie bekommen aber keinen Kick-off genehmigt? Never mind. Ähnlich gute Erfahrungen hat man mit Foto-Collagen gemacht, bei denen jedes Teammitglied sein Foto einschickt und die Fotos aller Mitglieder dann zusammen montiert werden. Oft macht das ein Teammitglied, das mit der Bildbearbeitung so gut ist, dass die Bilder danach wie echt aussehen – manchmal vor historischer Kulisse wie dem Mount Rushmore oder dem Eifelturm ... Das halten Sie alles für gefühlsduselige Spielerei? Dann haben Sie sich wohl nie gefragt, warum Streitmächte hinter einem Banner ins Gefecht ziehen:

> **Insignien stiften Identität!**

Kreieren Sie Ihre eigenen Symbole der Teamidentität.

Seien Sie der große Motivator!

Wann leisten Menschen Großes? Wann und warum liefern sie Spitzenleistung ab? Wegen Boni und Incentives? Das glauben heutzutage nur noch die härtesten Materialisten. Alexander der Große eroberte nicht die halbe Welt wegen eines neuen Firmenwagens. Selbst Warren Buffett macht's nicht fürs Geld. Was Menschen zu Großartigem beflügelt, waren und sind immer großartige Ideen, gemeinsame Ziele und ein starkes Wir-Gefühl.

In einem stationären Team entsteht der nötige Teamgeist größtenteils informell, sozusagen in der Kaffeeküche. In einem virtuellen Team sind smarte Ziele, Identität und Wir-Gefühl Ihre ureigene Aufgabe. Stellen Sie sich dieser Aufgabe. Die nötigen Werkzeuge dafür kennen Sie jetzt. Setzen Sie sie ein! Keine Bange, wenn das am Anfang noch nicht großartig funktioniert. Geben Sie sich und dem Team Zeit. Beginnen Sie in kleinen Schritten. Bleiben Sie dran. Denn es lohnt sich. Das höre ich immer wieder.

Von einer Spartenleiterin in der Chemie-Industrie hörte ich zum Beispiel: „Obwohl das Team schon vor acht Jahren auseinanderging, treffen sich die 17 Mitglieder des Teams Albatross fast täglich im Intranet und tauschen sich aus. Das Projekt damals war nur ein Jahr lang, aber das Wir-Gefühl war so stark, die Stimmung so super – das macht süchtig, das erlebst du nicht in der täglichen Arbeit in deiner Abteilung, davon kommt keiner los, der das mal erlebt hat." Das Team lieferte übrigens eines der erfolgreichsten Projekte der Firmengeschichte ab. Nicht weil darin die besten Experten versammelt waren, sondern weil der Teamgeist so stark war. Und der kam nicht von ungefähr. Alle hatten hart daran gearbeitet, hatten sich im Sinne des Wortes bei Zielfindung und Identitätsbildung zusammengerauft.

> Teamidentität ist kein Geschenk, sondern harte Arbeit.

Arbeiten Sie daran.

Für Fortgeschrittene: Identität formen

Neulich legte mir ein Teamleiter einen Themenvorschlag für das nächste Teammeeting vor – in Form einer Konstruktionszeichnung! Ich musste lachen. Er grinste und sagte: „Wir sind eben ein typisches Ingenieur-Team!" Da sprach er ein großes Wort gelassen aus:

> Erkennen Sie bereits vorhandene Identitätsmerkmale und formen Sie sie zu einer schlagkräftigen Teamidentität.

Es ist ja nicht so, dass wir alle nackt in ein Team kommen, dass wir eine tabula rasa, ein unbeschriebenes Blatt wären. Wir bringen natürlich bereits eine eigene Identität und Teile einer Gruppenidentität in jedes neue Team ein, das wir betreten. Und natürlich fasst ein kluger Virtual Leader diese individuellen Identitäten unter der großen, identitätsbildenden Klammer der Zielfindung und -formulierung (s. o.) zu einem großen Ganzen zusammen.

Das ist auch bitter nötig, weil die bereits vorhandenen Identitäten im Team weiterleben und eine Eigendynamik entwickeln, die wir alle kennen: Ingenieure gegen Kaufleute, Innen- gegen Außendienst, Marketing vs. Produktion, Vertrieb vs. Finanzen … Kennen wir alle zur Genüge. Was tun? Diese latenten bis offenen Konflikte per Dekret verbieten? Das funktioniert, wie Sie sicher schon bemerkt haben, nur eingeschränkt. Außerdem ist Dekretisierung ein Anfänger-Instrument. Ein Profi wird versuchen, nicht gegen, sondern mit den Teilidentitäten zu arbeiten.

> **Integrieren Sie Teilidentitäten zu einem neuen Ganzen, das mehr ist als die Summe seiner Teile.**

Das erfordert Intelligenz, Erfahrung und Artikulationsvermögen, ist aber im Endeffekt ganz simpel. Der Projektleiter eines Teams zum Beispiel, in dem sich zum wiederholten Male Ingenieure und Marketingleute wegen irgendeiner Trivialität einen Schlagabtausch lieferten, grätschte mit den Worten dazwischen: „Nein, wir sind eben kein Ingenieur- und auch kein Marketingteam! Wir sind das Team mit der größten Marktorientierung und der besten Technik!" Okay, war dick aufgetragen. Doch einer der Ingenieure sagte: „Genau!" Und einer der Marketingleute sagte: „Mach ich doch glatt einen Button draus!" Und fortan fühlte sich jeder als Mitglied des Teams mit der besten Marktorientierung und der besten Technik. Der Teamleader hatte beide widerstreitenden Identitätsmerkmale auf einfachste Weise zu einem übergreifenden Ganzen integriert. Das ist das Geheimnis der Identitätsbildung im Team (und des Weltfriedens, falls er mal kommen sollte):

> **Integration statt Isolation!**

Das ist der Idealfall. Wie sieht der Normalfall aus? Im Normalfall setzt sich eine Seite durch, also hier entweder Ingenieure oder Marketingleute. Die unterlegene Fraktion wird isoliert und marginalisiert: „Ach, ihr Ingenieure/Marketingfuzzis habt doch keine Ahnung!" Das funktioniert durchaus. Aber es killt wahnsinnig viel Engagement, Produktivität und Wir-Gefühl. Wie immer, wenn isoliert wird. Isolation ist ein Instrument für Anfänger. Der Profi isoliert nicht, er integriert. Weil er weiß, dass ein starkes Wir-Gefühl sein stärkster Verbündeter, sein wichtigster Leistungstreiber, sein entscheidender Produktivitätsfaktor auf dem Weg zum Projekterfolg ist.

In aller Kürze: Wir-Gefühl!

- Virtuelle Teams benötigen sehr viel dringender als herkömmliche Teams eine starke Teamidentität, ein Wir-Gefühl.
- Formen und schaffen Sie dieses Teamgefühl!
- Am besten dafür geeignet sind Zielfindung und Zielformulierung.
- Benutzen Sie dafür die s.m.a.r.t.-Methode (oder jeden anderen Zielraster, der die nötigen Kriterien abdeckt): Vereinbaren und formulieren Sie smarte Ziele.
- S wie spezifisch, simpel und selbst kontrolliert.
- M wie messbar.
- A wie attraktiv.

- Und A wie: So formuliert, als ob es absolut sicher ist, dass Sie das Ziel erreichen.
- R wie realistisch.
- T wie terminiert und total positiv formuliert.
- Flankieren Sie die Identitätsbildung mit Fan-Artikeln, soweit Budget und Firmenkultur das hergeben (ein Foto ist immer drin!).
- Integrieren Sie bereits vorhandene Identitätsmerkmale Ihrer Teammitglieder zu einer neuen Teamidentität.

> „Wer in Einzelhaft sitzt, bekommt irgendwann Halluzinationen."
>
> Sabine F., Projektleiterin

4 Hol dein Team aus der Isolation!

Das Gefangenen-Dilemma

Obwohl das Dilemma ein Klassiker ist, kennen es nur wenige. Es geht so: Zwei Menschen werden verhaftet und eines Bankraubs beschuldigt. Die Beweislage aber ist so dürftig, dass nur ein Geständnis sie überführen könnte. Also setzt sie der Kommissar in getrennte Verhörräume und bietet jedem den Deal an: „Liefer' mir deinen Kumpel ans Messer – und ich lass dich laufen!" Natürlich denkt jeder der beiden sofort: Wenn der andere mir zuvorkommt, geh ich in den Bau! Also muss ich schneller sein! Das ist die Lösung!

Lösung? Unfug. Denn die für beide beste Lösung ist: Mund halten, dann kommen beide frei. Das würden beide auch tun – wenn sie sich absprechen könnten. Können sie aber nicht. Deshalb wurden sie doch isoliert. Wer isoliert wird, macht Dummheiten! Isolation macht Menschen zu Dummköpfen. Alle Kommissare wissen das. Unter den Projektleitern (und ihren Vorgesetzten) dürften es bedeutend weniger sein.

Isolation ist die Mutter allen Unfugs.

Das Gefangenen-Dilemma steht in jedem besseren Ökonomie-Lehrbuch. Um jedem Studierenden im ersten Semester zu zeigen, wie katastrophal sich Isolation auf die Leistung von Teams auswirkt. Im klassischen Dilemma sinkt nicht nur die Teamleistung, sie sprengt das Team tatsächlich (einer geht in den Bau). Das Tollste am Gefangenen-Dilemma: Alle ManagerInnen verstehen es, wenn es im Führungstraining diskutiert wird. Doch nach dem Training gehen sie zurück ins Büro und führen ihre Teams weiter in Isolation. Ein perfektes Beispiel für die sogenannte Knowing-Doing-Gap, wie sie die beiden Harvard-Professoren Pfeffer und Sutton genannt und erforscht haben:

> Je „trivialer" einem Menschen eine Erkenntnis erscheint, desto unwahrscheinlicher ist, dass er sie anwendet.

Das muss auch Fredrik erkennen.

Fredriks Fall

Fredriks virtuelles Team ist über die ganze Republik verstreut. Andrea zum Beispiel sitzt in Flensburg, Matthias in Esslingen. Eines Tages erhält Matthias von Andrea einen Anruf: „Könnten Sie Ihr Arbeitspaket eine Woche früher abliefern? Dann könnten wir hier oben sofort ins Testlabor und müssten nicht erst drei Wochen bis zum nächsten freien Termin warten! Das würde nämlich auch unseren Meilenstein gefährden." Matthias ist außer sich.

„Was fällt der dämlichen Kuh ein? Als ob wir hier unten nichts anderes zu tun hätten! Ich schaffe es doch kaum auf den Termin, geschweige denn eine Woche früher! Bloß weil die da oben bei der Laborbelegung offensichtlich geschlampt haben!" Er lehnt rundheraus ab. Dass der

Meilenstein bedroht ist, ist schließlich nicht seine Schuld. Da begegnet ihm der Zufall.

Zufällig ist ein Verkäufer aus Flensburg zur Schulung in Esslingen, der beim Mittagessen am selben Tisch sitzt wie Matthias. Matthias hört mit halbem Ohr, wie der Verkäufer erzählt: „Wir haben Glück, dass wir noch leben. Vor einem Monat flog uns wegen der Dusseligkeit eines Laboranten das halbe Stockwerk um die Ohren. Jetzt hängen die Leute im Labor bös hinterher, alle Termine sind durcheinander geraten – aber mit ein wenig Flexibilität und gutem Willen holen wir das alles wieder auf." Und genau diese Flexibilität und den guten Willen hat Matthias eben seiner Kollegin Andrea verweigert. Weil er keine Ahnung hatte. Weil er isoliert war. Weil er nicht mit seiner „Mitgefangenen" reden konnte. Der Knüller aber ist: Fredrik als Projektleiter hat keine Ahnung, dass sein nächster Meilenstein-Termin einen halben Tag lang auf Rot stand und nur durch Zufall gerettet wurde. Durch einen Zufall namens horizontale Kommunikation.

Was ist horizontale Kommunikation? Nein, machen Sie sich keine Hoffnung. Es ist nicht das, woran Sie jetzt vielleicht denken. Es ist auch nicht ein Dialog im einschlägigen Gewerbe. Horizontale Kommunikation passiert vielmehr immer dann, wenn Menschen derselben Hierarchiestufe in jedweder Weise miteinander kommunizieren. Am häufigsten geschieht das übrigens auf informellen Wegen wie Small Talk, Gesprächen beim Mittagessen, auf dem Flur, im Aufzug oder am Water Cooler. Im englischsprachigen Business sind deshalb die „Water Cooler Moments" zum geflügelten Wort geworden. Warum? Was ist so Tolles dran an der horizontalen Kommunikation?

Horizontale Kommunikation vs. Isolation

Virtuelle Teammitglieder sind ex definitione räumlich voneinander getrennt. Sie agieren isoliert voneinander. Isolation aber ist Leistungskiller. Es sei denn, die horizontale Kommunikation überbrückt die Entfernung und befreit die Teammitglieder aus ihrer Isolationshaft.

In herkömmlichen Teams wird die horizontale Kommunikation informell hergestellt: Man läuft sich oft genug gegenseitig über den Weg. In virtuellen Teams passiert das nicht. Sie sind a priori benachteiligt. Was nicht schlimm wäre: Benachteiligungen kann man beheben. Wenn man sie erkennt. Genau daran hapert es jedoch.

Diese spezielle Art der Benachteiligung wird nicht nur nicht erkannt. Manchmal habe ich den Eindruck, dass sich viele Führungskräfte förmlich gegen die Erkenntnis sträuben. Den folgenden Dialog führte ich mit einem Mitglied von Fredriks Lenkungsausschuss:

Er: „Ich habe gehört, der Meilenstein war kurzfristig bedroht. Warum?"
Ich: „Weil sich zwei Teammitglieder nicht ausreichend ausgetauscht haben!"
„Aber die telefonieren und mailen doch permanent miteinander!"
„Ja, aber nur bezüglich Sachinhalten."
„Darum geht es in einem Projekt doch wohl!"
„Stimmt, aber eben nicht ausschließlich. Wenn es nur um Sachinhalte ginge, wäre der Meilenstein nie bedroht gewesen. Aber es geht auch um den Austausch von eher beiläufigen Informationen, von Kontextdaten."
„Die Leute sollen keinen Kaffeeklatsch halten! Die sollen arbeiten!"
„Aber genau dieser Kaffeeklatsch steigert die Leistung von virtuellen Teams. Leute, die sich mit virtueller Teamführung auskennen, nennen diesen Kaffeeklatsch auch horizontale Kommunikation."

„Jetzt wollen Sie mir auch noch verkaufen, dass Kaffeeklatsch ein Produktivitätsfaktor ist!"

In der Tat, aber das will ich genauso wenig verkaufen wie ich die Schwerkraft verkaufen möchte: Die ist einfach nur da. Die brauche ich nicht zu verkaufen. Für diese gilt schlicht: Take it or leave it. Obwohl es mich immer noch zur Verzweiflung treibt, wenn eine Führungskraft die herausragende Bedeutung der horizontalen Kommunikation nicht erkennt. Vor allem jene Bedeutung, die in der Beziehung liegt.

In Beziehung setzen

Beziehung ist das Gegenteil von Isolation. Wenn Menschen auch außerhalb des reinen Sachthemas horizontal miteinander kommunizieren, bauen sie eine gegenseitige Beziehung auf. Seit der großen Laborexplosion reden Andrea und Matthias öfter über Gott und die Welt und die neuesten Entwicklungen in Flensburg und Esslingen. Neulich schoss Matthias einen kapitalen Bock.

Andrea haute ihn raus, indem sie stillschweigend sein Arbeitspaket schon übernahm, obwohl es drei Tage lang nicht komplett war. Ich fragte sie:

„Vor fünf Monaten hätten Sie das noch nicht für den Matthias gemacht, stimmt's?"

„Nö, da hielt ich ihn auch noch für einen arroganten Hund."

„Warum jetzt nicht mehr?"

„Wenn man sich so mit ihm unterhält, merkt man schnell, dass er im Grunde ganz okay ist."

„Aber der Traudel in Düsseldorf würden Sie nicht durchgehen lassen, was Sie dem Matthias durchgehen lassen?"

„No, das ist ja auch eine ziemliche Zimtzicke."

„Warum?"

„Äh, weil ich noch zu wenig Gelegenheit hatte, informell mit ihr zu schnacken? Mist, verdammter! Wenn das tatsächlich daran liegt, warum unternimmt dann keiner was dagegen? Was ist eigentlich Fredriks Job? Und unser Lenkungsausschuss – lenkt der auch oder heißt der nur so?"

Gute Fragen. Ich hatte fünf Minuten lang damit zu tun, Andrea zu erklären, dass virtuelle Teamführung, die ihr so einleuchtend erscheint, für Außenstehende eine fremde Welt ist. Sie lachte herzlich über die Bezeichnung „Außenstehende".

> Horizontale Kommunikation schafft Beziehung. Und Teammitglieder, die untereinander in Beziehung stehen, sind um ein Vielfaches produktiver als jene, die bloß „sachlich", aber beziehungslos, miteinander kommunizieren.

Anders formuliert:

> Wenn Sie ein Team bekommen könnten, in dem die Teammitglieder untereinander tragfähige Beziehungen pflegen – warum sollten Sie darauf verzichten (wollen)?

Oder pragmatisch ausgedrückt:

> Nutzen Sie, nein, setzen Sie auf die Kraft der Beziehung!

Warum versteht das jeder Manager, aber nur wenige setzen das um? Weil die Bedeutung der informellen, horizontalen Kommunikation bei der virtuellen Teamführung und bei der Überwindung virtueller Isolation dramatisch unterschätzt wird. Machen Sie diesen Fehler nicht.

Ein zweiter Grund ist: Schon im Linienalltag und in ganz normalen Projekten sind Führungskräfte oft etwas „maulfaul", kommunikationsindolent. Sie unterschreiben zwar alle den Spruch „Führung ist zu 90 Prozent Kommunikation". Aber sie praktizieren ihn nicht. Sie beschränken ihre Kommunikation auf das rein Sachliche und damit basta, Schluss, aus. In herkömmlichen Teams reparieren aufgeklärte Teammitglieder diese Führungsschwäche, indem sie sich quasi illegal informell austauschen. In virtuellen Teams ist die Neigung dafür ungleich geringer – eben weil die Teammitglieder räumlich getrennt und isoliert voneinander agieren. Das provoziert ein niedliches kleines Paradoxon:

> Ihre Sachziele erreichen Sie in virtuellen Teams nicht, wenn Sie ausschließlich sachlich kommunizieren (lassen).

Wenn Sie herausragenden Erfolg mit virtuellen Teams haben wollen, dann müssen Ihre Teammitglieder informell und horizontal so toll miteinander kommunizieren, dass sie Kumpels werden; Marke „Elf Freunde sollt ihr sein!". Wie werden sie das? Dafür gibt es viele Gelegenheiten. Was ist die beste? Sie ahnen das schon: Es beginnt mit K.

K wie Kick-off oder Kaffeeklatsch

Der Kick-off ist ein Klassiker des praktizierten Irrsinns. Da gelingt es einem Projektleiter zum Beispiel endlich, seine Geschäftsführung von der absoluten Notwendigkeit eines Kick-off für ein großes Projekt zu überzeugen. Und was macht die Geschäftsführung auf dem endlich genehmigten Kick-off?

Richtig geraten: Verschiedene Topmanager erklären dem Team stundenlang, wie wichtig das Projekt fürs Unternehmen ist und wie das Projekt zu laufen habe: Powerpoint-Monologe. Das ist einfach nur peinlich. Und brüllend ineffektiv:

> Persönliche Beziehungen, die Überwindung der Isolation und der nötige Teamgeist entstehen nicht dadurch, dass Teammitglieder zehn Stunden auf einem Stuhl hocken und einer Vorlesung zuhören!

Wie entstehen persönliche Beziehungen dann? Dass mir diese Frage immer noch gestellt wird, ist schockierend. Da fragt mich ein gut bezahlter Mensch, wie er eine Beziehung zu einem anderen Menschen herstellen soll? Als ob die Zivilisation nicht 40.000, sondern vier Jahre alt wäre! Kennen Sie die Antwort? Sie kommt mit einem Wort aus.

> Beziehung entsteht durch Austausch.

Wenn das ein unbelehrbarer Topmanager dann „Kaffeeklatsch" nennen möchte – von mir aus. Es ist der effektivste „Kaffeeklatsch" in der Kommunikations-Tool-Box. Bei so einem zweistündigen Kaffeeklatsch im Rahmen eines Kick-offs kam zum Beispiel heraus, dass der Designer für das Projekt in seiner Jugend schon mal ein Junioren-Weltcup-Rennen im Abfahrtslauf gewonnen hatte – und sofort bekam er den Spitznamen „Der Champion". Was meinen Sie, was jedes Mal los war, wenn „Der Champion" mal wieder anrief oder eine E-Mail schickte. Da hieß es beim Empfänger im Büro sofort: „Hör mal, was der Champion wieder schreibt!" Jeder, der auch nur ein Jahr lang da gearbeitet hat, wo wirklich gearbeitet wird, weiß, wie wichtig solche Frotzeleien für die

Teamleistung sind: Was sich neckt, das verträgt sich. Was sich neckt, das unterstützt sich. Am Ende des Kick-off hatte jeder seinen Spitznamen weg. Beim ersten Meilenstein verteilte der Teamleiter Trikots im Design von Bayern München mit den Spitznamen hinten drauf. Wer von uns würde nicht ein Monatsgehalt geben, um in so einem Team zu arbeiten? Wer von uns ist so unerfahren, zu unterstellen, dass in so einem Team die Produktivitätskurve *nicht* in die Stratosphäre schießt?

Warum ist das so?

Beißhemmung und andere Rudel-Phänomene

Wodurch entstehen die meisten Ineffizienzen in Projektteams? Kommen Sie, Sie sind kein Greenhorn. Sie wissen das aus Erfahrung oder kraft Kompetenz:

> Schon in normalen Teams entstehen die üblichen galoppierenden Ineffizienzen, Friktionsverluste und Probleme durch die üblichen Missverständnisse, Reibereien und Kommunikationsmängel.

Wer nur eine E-Mail liest, interpretiert immer Dinge rein, die nie so gemeint waren. Zum Ausgleich übersieht er Dinge, die nur zwischen den Zeilen angedeutet sind. Wie wir alle wissen, verhält sich diese Fehlerquelle strikt proportional zur Beziehungsgüte: Unsere Vorgesetzten missinterpretieren wir sehr viel häufiger und schlimmer als einen Kollegen. Und nicht, weil wir den Kollegen gut leiden können, sondern weil unsere Beziehung zum Kollegen deutlicher ausgeprägt ist.

> Wer die Person am anderen Ende vom E-Mail oder Telefonkabel nicht persönlich kennt, wird zwangsläufig Opfer von unnötigen Missverständnissen.

Missverständnisse, die ganz leicht zu vermeiden wären. Zum Beispiel mit einem Kick-off, bei dem sich die Teammitglieder auch persönlich austauschen (dürfen), ohne dass das Topmanagement säuerlich guckt. Warum tut es das? Wegen einer hübschen Widersinnigkeit.

Viele Topmanager wünschen keinen persönlichen Austausch, weil sie solchen persönlichen Faktoren (Soft Factors!) keine Bedeutung zumessen. Der Grund, warum sie das tun, ist oft ein gekränktes Ego: „Not in my time! Die sollen gefälligst mir zuhören! Die sollen nicht *untereinander* reden! Das können die auch abends an der Bar machen, wenn es unbedingt sein muss. Es geht hier schließlich um Big Business, nicht um Small Talk." Oje.

Der persönliche Austausch verhindert nicht nur die üblichen Missverständnisse im Team, er raubt auch den vielen kleinen Streitereien in Projekten den Nährboden. Wenn sich ein Fremder mir gegenüber etwas herausnimmt, sinne ich auf Rache. Wenn „dem Champion" aber mal ein falsches Wort herausrutscht, dann nehme ich es ihm nicht krumm: He, warum auch? Ist doch unser Champion! Der meint das nicht so! Der ist halt eben im Stress! Meine Güte, der kriegt sich auch wieder ein, also wollen wir nicht jedes seiner Worte auf die Goldwaage legen:

> Eine gute Beziehung löst eine Beißhemmung aus.

Gut und schön, Botschaft angekommen: Der informelle, persönliche, horizontale Austausch zwischen Teammitgliedern ist leistungsrelevant.

Aber wie relevant ist er? Nice to have? Oder erfolgsentscheidend? Dafür gibt es ein schönes Bild:

> Kommunikation im Team ist wie ein Eisberg: ein Siebtel des Projekterfolgs macht die sachliche Kommunikation aus, sechs Siebtel die informelle.

Das ist exorbitant! Das erklärt, warum selbst gut ausgestattete virtuelle Teams mit den besten Experten an Bord so oft so kläglich performen: Kommunikation ist wie ein Eisberg. Das eine Siebtel mit den Sachinhalten schwimmt über Wasser. Die überwiegenden sechs Siebtel mit den persönlichen und Beziehungskomponenten der Kommunikation schwimmen unter Wasser – und versenken die Titanic, wenn sie nicht erkannt werden. Wenn zwei Eisberge zusammenstoßen, stoßen sie deshalb grundsätzlich zuerst unter der Wasseroberfläche zusammen. Das ist dramatisch – und peinlich. Weil man sich unwillkürlich fragt: Wir werden von Kapitänen geführt, die nichts von Eisbergen verstehen? Wow, was suchen die denn auf der Brücke? Wofür kriegen die ihr Gehalt?

> Führen Sie Ihr Team nur von der Wasseroberfläche aus? Oder sind Sie ein Teamleader, der tiefer blicken kann?

Was heißt das nun alles? Wie etablieren Sie die horizontale Kommunikation und holen das Team damit aus der Isolation? Das betrachten wir jetzt konkret in zwei Checklisten: Die erste für den Teamleader, die zweite für Teammitglieder.

Checkliste: Horizontale Kommunikation für Teamleader

- ☑ Isolation ist der Feind der Produktivität von virtuellen Teams.
- ☑ Horizontale Kommunikation ist der Feind der Isolation.
- ☑ Beste Gelegenheit für den ersten persönlichen Austausch und das Etablieren tragfähiger Beziehungen bietet der Kick-off.
- ☑ Wenn Sie ohne gestartet sind: Holen Sie ihn nach! Das geht. Besser spät als nie. Wie die Psychologen gerne sagen: „Es ist nie zu spät für eine glückliche Kindheit!" Das gilt auch für Teams.
- ☑ Beim Kick-off geht es zwar auch um Zielvereinbarung und Sachinhalte. Sachinhalte aber verhindern keine Isolation. Das Kennenlernen der persönlichen Kommunikationsgewohnheiten ist wichtiger als die Sachinhalte, damit es später nicht zu vermeidbaren Missverständnissen kommt.
- ☑ Also schaffen Sie auf der Tagesordnung (und im Verständnis der begleitenden Topmanager) genügend Raum für das systematische, moderierte persönliche Kennenlernen der Teammitglieder untereinander. Das schafft Vertrauen und Vertrauen ist das Gegenteil von Isolation.
- ☑ Erweitern Sie die übliche Vorstellungsrunde durch unverfängliche persönliche Daten: Was macht das sich vorstellende Teammitglied im Unternehmen? Erfahrung in vorausgegangenen Projekten? Worauf legt es besonders Wert bei der Arbeit? Was kann es überhaupt nicht leiden? Familienstand? Hobbys? Musikgeschmack? Lieblingsbücher, -filme?
- ☑ Ermuntern Sie die Teammitglieder beim horizontalen Austausch. Oft haben die Leute schon verlernt, wie Menschen miteinander zu reden. Bleiben Sie geduldig dran! Nach den ersten Eisbrecher-Minuten gibt sich das.
- ☑ Führen Sie ein Feedbacksystem für das laufende Projekt ein: Wer gibt wann wem worüber und in welcher Form Feedback? Wann wird wem wie über Planabweichungen berichtet? Das Feedbacksystem ist

bereits für herkömmliche Teams wichtig. Für virtuelle Teams besitzt es geradezu dramatische Bedeutung.
- ☑ Was sind die geltenden Feedbackprinzipien? Zum Beispiel: Immer kurz und knapp. Immer sachlich, nie persönlich. Immer frühzeitig. Immer klar und wahr. Person vom Verhalten trennen. Kritik immer nur unter vier Augen. Für Kritik: WWW – Wahrnehmung, Wirkung, Wunsch. Und gerade für virtuelle Teams: Lieber einmal zu viel als einmal zu wenig. Lieber etwas persönlicher als zu sachlich. Und: Smalltalk (in Maßen) ist okay und erwünscht!
- ☑ Fördern Sie den Team Spirit! Leben Sie ihn vor. Geben Sie zum Beispiel Anerkennung, wem Anerkennung gebührt. Lassen Sie sich Anerkennung nicht aus der Nase ziehen!
- ☑ Wenn Sie Teammitglieder schulen lassen (was häufig in virtuellen Teams passiert), dann schulen Sie nicht ortsgebunden – also erst alle Münchner Teammitglieder, dann alle Hamburger, dann die Londoner ... Sondern nutzen Sie die Gelegenheit der Schulung zur aktiven Netzwerkbildung, Beziehungspflege und horizontalen Kommunikation: Lassen Sie immer Teammitglieder aus möglichst vielen Standorten zusammenkommen.

Checkliste: Horizontale Kommunikation für Teammitglieder

- ☑ Teamgeist ist kein Privileg des Teamleaders! Wenn Sie ein gutes Klima im Team schätzen, tun Sie selbst etwas dafür!
- ☑ Wenn zum Beispiel ein Kollege etwas Gutes geleistet hat, lassen Sie ihn und alle anderen das wissen. Schreiben Sie eine E-Mail an alle. Anerkennung ist Produktionsfaktor.
- ☑ Bei Ärger dagegen gilt: Niemals niemanden in CC! Das klärt man unter vier Augen oder am Telefon direkt. In einer Arena Konflikte austragen zu wollen, ist zwar menschlich, aber schädlich.
- ☑ Falls Sie schüchtern sind: Beginnen Sie klein. Eine E-Mail mit einem

abschließenden Satz übers Wetter an Ihrem Standort (Arbeitsbelastung, Stress, besondere Ereignisse) ist heutzutage schon fast Standard.
- ☑ Beschränken Sie sich nicht auf die Sachkommunikation. Werden Sie zu Beginn und am Ende von E-Mails oder Telefonaten ruhig auch mal persönlich. Sprechen Sie von Mensch zu Mensch mit dem Teamkollegen. Lernen Sie ihn besser kennen.
- ☑ Erkennen Sie die Kommunikationsmuster Ihrer Teamkollegen und stellen Sie sich darauf ein: Kommuniziert er/sie eher kurz und knapp? Schätzt er/sie die persönliche Note? Mag er/sie gerne gelobt werden? Lästert er/sie gerne über „die da oben"?
- ☑ Wenn ein Teamkollege über Persönliches spricht, brüskieren Sie ihn nicht, auch wenn es gerade pressiert. Solche persönlichen Momente sind wertvolle Investitionen in den Teamgeist. Sie sind in Maßen genossen wichtiger als die jeweils aktuellen Sachinhalte.
- ☑ Wie bei allem im Leben gilt auch hier: Maß halten! Keinerlei persönliche Komponente ist genauso schädlich wie stundenlanger Kaffeeklatsch.
- ☑ Wenn ein Kollege Ihnen krumm kommt, stellen Sie Ihre Spontanreaktion für einen Augenblick zurück und fragen Sie lieber nach, wie das eben gemeint war.
- ☑ Machen Sie Kollegen keine Vorwürfe à la: „Ihr Befehlston stinkt mir!" Sie mögen damit zwar Recht haben, aber Vorwürfe eskalieren immer. Geben Sie stattdessen Wirkungsfeedback. Sagen Sie, wie ein bestimmtes Kommunikationselement auf Sie wirkt, zum Beispiel: „Wenn Sie mir ‚unverzüglich' schreiben, dann fühle ich mich als ob mir jemand die Pistole auf die Brust setzt. Das haben Sie bestimmt nicht so gemeint." Die meisten Leute sind keine Idioten, nur etwas unachtsam.
- ☑ Praktizieren Sie im Team den alten Rechtsgrundsatz: In dubio pro reo, im Zweifel für den Angeklagten. Geben Sie dem Kollegen einen Vertrauensvorschuss. Immerhin spielt er im selben Team. Glauben Sie an das Gute im Kollegen – bis zum Beweis des Gegenteils.

Free Your Team!

Gehen Sie von sich aus. Seien Sie der größte Egoist der Welt und fragen Sie sich: In welchem Team würde ich am liebsten arbeiten? In welchem Team bringe ich die beste Leistung? In einem Team, in dem keiner keinen kennt und rein nur über Sachinhalte gemailt und telefoniert wird? In dem jeder jedem beim kleinsten Verdacht sofort bösen Willen und Intrige unterstellt? In dem jeder nur Cover your Ass spielt? In dem man Stunden und Tage damit verbringt, alles haarklein zu dokumentieren, damit man einem auf keinen Fall an den Karren fahren kann – anstatt das Projekt voranzubringen?

Allein der Umstand, dass Sie diese Seite lesen, spricht sehr dafür, dass Sie nicht in so einem Team arbeiten wollen (Soziopathen lesen dieses Buch nicht). Natürlich arbeiten viele von uns in Unternehmen und Abteilungen, in denen eine Kultur des Misstrauens allgegenwärtig ist. Das heißt:

> Für eine produktive Teamkultur müssen Sie oft bewusst mit der vorherrschenden Kultur im Unternehmen oder in der Abteilung brechen. Just do it!

Dabei muss diese Ruling Culture nicht einmal bösartig sein. Es reicht schon, wenn die Kultur eine Dominanz der Fachkompetenz propagiert: „Fachkompetenz entscheidet Projekte!" Das ist schon bei herkömmlichen Projekten arg zweifelhaft. In virtuellen Projekten widerspricht es jeder Erfahrung.

> Wer virtuellen Teamerfolg will, muss sein Team aus der Isolation reißen. Er muss fachkompetent, projektkompetent,

> teamkompetent und ein kompetenter Freiheitskämpfer sein.

Das können Sie nicht? Das trauen Sie sich nicht? Das denken und fühlen viele Projektleiter. Einer sagte mir mal: „Ich bin Ingenieur! Ich habe schon Probleme mit dem Small Talk auf offiziellen Anlässen. Da kann ich doch nicht die komplette informelle Kommunikation im Team aufbauen!" So fühlen viele – aber das Gefühl trügt immer.

Denn selbst Ingenieure und andere hoch spezialisierte Experten „ertappe" ich dabei, wie sie in ganz bestimmten Situationen mit ganz bestimmten Menschen ganz locker und befreit über Themen plaudern, die nichts mit dem Beruf zu tun haben. Es gibt eben keine reinrassigen „Fachidioten"! Hat es nie gegeben.

> Der Trick ist: Ertappen Sie sich in Situationen, in denen Sie ganz automatisch informelle horizontale Gesprächskompetenz beweisen, benchmarken Sie sich selbst in diesen Situationen und übertragen Sie diese demonstrierte Kompetenz auf den Teamkontext.

Oder wie derselbe Ingenieur nach Kenntnisnahme dieses Tricks sagte: „Eigentlich ganz einfach: Wenn ich es in Situation X kann, kann ich es auch in Situation Y!" Okay, das ist jetzt typisch wie ein Ingenieur gedacht. Aber genau so funktioniert das. Wenn Sie einen Namen für die Technik wollen, nennen Sie es Bright Spot Approach: Übertragen Sie Ihre Kompetenz im Ausnahmefall (Bright Spot) auf den Regelfall. Es lohnt sich.

Es lohnt sich

Radioaktivität können Sie nicht sehen, riechen oder berühren. Trotzdem wirkt sie. Und zwar heftig. Genau so verhält es sich mit der Isolation von virtuellen Teams: unsichtbar, aber extrem virulent. Wenn wir die komplexe Materie dieses Kapitels handlich komprimieren wollen, dann lautet der Kalenderspruch:

> Isolierte Teams performen schlecht, befreite gut.

Wie Sie Ihr Team befreien, wissen Sie jetzt. Es ist weder schwierig noch komplex. Aber es ist nicht leicht. Sie müssen gegen die „geballte Dummheit der Welt" angehen, wie mir eine Projektleiterin in einem besonders „kosteneffizienten" Unternehmen mal verriet. Das kostet Sie Mut und einen starken Willen. Die gute Nachricht: Gute ProjektleiterInnen, gute AuftraggeberInnen und kompetente Teammitglieder haben reichlich davon. Der Einsatz lohnt sich.

Befreite Teams bringen nicht nur deutlich bessere Leistung und Ihnen mehr Erfolg. Es ist auch für alle sehr angenehm, darin mitzuarbeiten. Ganz oft höre ich den Kommentar: „Ich freue mich schon richtig auf die nächste Telko im Team. Da kann mal wieder vernünftig mit guten Leuten reden und eine gute Sache vorantreiben. Hier in der Abteilung geht das ja nicht so toll …" Team schlägt Linie? Das ist der Lohn der Befreiung.

In aller Kürze: Raus aus der Isolation!

- Virtuelle Teammitglieder arbeiten a priori isoliert voneinander.
- Befreien Sie sie aus dieser Isolation!

- Das ist nicht nice to have, sondern Schlüsselfaktor für virtuellen Teamerfolg.
- Je besser die informelle, horizontale Kommunikation im Team, desto besser die Team-Performance.
- Idealer Ausgangspunkt dafür ist der Kick-off.
- Es ist nie zu spät für einen (nachgeholten) Kick-off!
- Basis der horizontalen Kommunikation ist der persönliche Austausch über Themen jenseits der Sachthemen.
- Lassen Sie die Teammitglieder ihre persönlichen Erfahrungen, Arbeitsweisen, Abneigungen und Vorlieben bei der Arbeit und in der Kommunikation austauschen. Diese Parameter sind entscheidend für die horizontale Kommunikation.
- Vereinbaren Sie Feedback-Regeln – und üben Sie diese idealerweise mit Musterdialogen im Rollenspiel. Zwar *versteht* jeder Feedback, aber mangels Übung *beherrschen* es nur die wenigsten.
- Reichern Sie alle Sachinformationen im Team (E-Mail, Telefon, Schreiben) mit ein, zwei Sätzen des persönlichen Austauschs an. Mit etwas Übung wird das zum Automatismus – und zum Getriebeöl im Teammotor.
- Sie können sich alle technischen Hinweise zum persönlichen Austausch im Team sparen, wenn Sie und Ihre Teammitglieder ein ehrliches Interesse am anderen in die Kommunikation einbringen.

Eigentlich verrückt, oder? Ehrliches Interesse am Mitmenschen. Scheint der modernen Zivilisation etwas abhanden gekommen zu sein. Das erklärt die Attraktivität und den herausragenden Erfolg von befreiten virtuellen Teams: Dort ist das bessere Leben. Dieses Leben steht uns allen offen!

> „Ein Einzelner kann seine Familie, sein Team,
> sein Unternehmen ändern – wenn er will."
>
> Fred Ward, Teammanager

5 Form dein Team!

Muss das sein?

Sie werden zum Projektleiter ernannt. Woran denken Sie?

Logisch: ans Projekt. Ans Projektergebnis und an den knappen Termin. Woran denken Sie nicht?

Richtig: ans Team. Nicht zuerst. Und wenn irgendwann, dann eher mit einem unangenehmen Gefühl; genauer: mit einer kognitiven Dissonanz:

> Eigentlich wissen wir, dass man Teams formen muss – aber wer hat dafür schon Zeit? Oder Lust? Oder das Know-how? Den Mut?

Dass man Teams formen muss, wissen viele von uns aus dem Training, das jede Führungskraft und (hoffentlich) jeder Projektleiter ab einer bestimmten Ebene absolvieren muss; Modul „Teamentwicklung". Dort lernen wir die vier Phasen der Teamentwicklung kennen:

1) Forming: Man lernt sich kennen (wie beim ersten Date).
2) Storming: Es kracht erst einmal kräftig (wie nach dem Ende der Flitterwochen).
3) Norming: Man einigt sich auf gemeinsame Guidelines.
4) Performing: Erst jetzt ist man reif für Spitzenleistung.

Entdecke ich da ein saures Lächeln in Ihrem Gesicht? Ja, diese vier Phasen werden schon in normalen Teams ausdauernd und nachhaltig vernachlässigt. Das steigert sich noch in virtuellen Teams. Deshalb fragen mich Teamleader oft:

- „Muss Forming denn sein? Muss ich das auch bei einem virtuellen Team machen?"
- „Wir sind doch sowieso in alle Winde verstreut. Wir können uns nicht treffen. Also entfällt das doch wohl!"
- „Wir haben virtuelle Teams eingerichtet, um Kosten zu sparen, respektive um schneller arbeiten zu können. Da macht es doch keinen Sinn, jetzt Zeit und Geld mit einem aufwändigen Forming zu verlieren!"

Ein Geschäftsführer erklärte mir mal: „Ich bezahle doch kein Geld dafür, dass die Leute von weit her anreisen, bloß um sich persönlich kennenzulernen! Wir sind kein Reisebüro und erst recht keine Partnervermittlung!" Ein anderer Topmanager fragte direkt: „Was ist der Ersatz fürs Forming?" Eine gute Antwort auf diese Frage finden wir, wenn wir uns kurz mal anschauen, was ohne professionelle Teamentwicklung passiert. Das ist empirisch relativ einfach.

Denn die meisten klassischen Teams starten ohne formelles Forming und Storming – die machen das dann eben informell und wo? Diese Frage können Sie inzwischen wie aus der Pistole geschossen beantworten: in der Kaffeeküche und bei anderen informellen Treffen. Da bügelt das Team inoffiziell aus, was die Führung offiziell versäumt hat, lernt sich dann eben informell kennen und ficht die ersten Konflikte in der Kaffeeküche aus. Nun stellen Sie sich ein virtuelles Team vor. Was passiert?

Auch hier ist die Antwort einfach: Das virtuelle Team wird mit der kommoden Ausrede der großen Entfernungen zwischen den Mitgliedern nicht geformt und streitet sich dann eben unter der Wasseroberfläche. Die streiten sich wie die Kesselflicker! Wie alle Menschen, die mir nichts dir nichts in eine Arbeitsgruppe zusammengeworfen werden. Aber das merkt keiner von den Führenden! Weil die Teammitglieder das untereinander ausmachen: mittels verdeckter Konflikte; der schlimmsten Art von Konflikten. Denn was man nicht sieht, kann man nicht bekämpfen. You can't manage what you can't see! Kaum zu glauben: Das Management selbst schafft sich einen Management-Tabubereich und wenn das Konstrukt ihm dann um die Ohren fliegt, weil die verdeckten Konflikte aufbrechen, ziehen Führende dann gerne den kommoden Management-Mythos aus der Rumpelkiste: „Virtuelle Teams haben eben mehr Konflikte als normale Teams!" Das ist Unfug: Sie haben genau so viele – sie werden nur viel später erkannt. Das ist der eine Fall.

Der andere Fall: Es kommt im virtuellen Team nicht zum offenen oder verdeckten Konflikt, sondern „nur" zur latent schwelender Antipathie, zu qualmenden Vulkanen, die immer kurz vor dem Ausbruch stehen: Einer der schlimmsten Effizienzkiller. Und angesichts all dessen fragen Führungskräfte wirklich noch, ob ein Forming nötig wäre?

Was sein muss

Muss Forming sein? Das kommt darauf an. Auf Sie. Genauer: auf Ihre Wünsche. Was hätten Sie denn gern? Wenn Sie im Grunde kein Team, sondern bloß eine Arbeitsgruppe benötigen, die auch ohne ausgeprägten Teamgeist Routinetätigkeiten ausführt, für die ein Leistungsniveau weit unterhalb der Spitzenleistung völlig ausreicht, dann wirkt sich ein Verzicht auf Forming nicht gravierend aus – obwohl es natürlich auch hier nützen würde.

Doch sobald Sie eine Aufgabe bewältigen müssen, wollen, sollen, für die Sie ein echtes (virtuelles) Team benötigen, das hohe Ziele erreichen muss und deshalb hohe Leistung bringen soll, gilt schlicht und einfach:

> **Es gibt keinen Ersatz fürs Forming!**

Wenn Sie ein herkömmliches Team nicht formen, können Sie das später immer noch quasi „nebenher" nachholen. Das müssen noch nicht mal Sie machen. Da Menschen intuitiv spüren, dass man besser zusammenarbeitet, wenn man sich besser kennenlernt, machen das Ihre Teammitglieder in herkömmlichen Teams auch ohne Sie und Ihre offiziellen Bemühungen. Die lernen sich einfach informell kennen – die Gelegenheiten dazu haben wir in den vorausgegangenen Kapiteln ad nauseam angesprochen. Weil diese Gelegenheiten von normalen Teammitgliedern in normalen Teams aus gesundem Menschenverstand heraus so oft und selbstverständlich genutzt werden, hat sich im englischsprachigen Management dafür ein Begriff gebildet: Watercooler Moment.

Im englischsprachigen Ausland stehen in vielen Unternehmen auf vielen Gängen diese gläsernen Wasserbehälter, die viele Deutsche bloß aus US-Filmen kennen. Büroluft ist meist trocken, weshalb sich am Watercooler regelmäßig Mitarbeiter einfinden, um einen Schluck zu trinken und wie ganz normale Menschen für einen Moment die ganz normale horizontale Kommunikation zu pflegen, die dann eben Watercooler Moment heißt. Hat der Abteilungs- oder Teamleiter keine Ahnung von Teamforming, dann korrigiert ein herkömmliches Team dieses Führungsversäumnis oft am Watercooler. In virtuellen Teams funktioniert dieses

Korrektiv des kollektiven Menschenverstandes nicht. Wenigstens nicht, solange es im Internet noch keine projektspezifischen „Watercooler" gibt.

In virtuellen Teams sind die Teammitglieder weit voneinander entfernt, isoliert und können sich daher schlecht persönlich kennenlernen. Das ist ein banaler Fakt mit drastischen Konsequenzen:

> Ungeformte virtuelle Teams produzieren Probleme, die Sie als typisches Formingproblem meist gar nicht erkennen (können).

Sie sehen bloß: Da läuft was schief! Sie sehen nicht: Warum? Sie sehen nicht, dass hinter dem Sachproblem (erkennbar), dem Konflikt (erkennbar) oder der greifbaren Antipathie (erkennbar) ein Formingproblem (nicht erkennbar) steckt. Ganz oft wird diese Blindheit sogar noch mit einem falschen Etikett versehen: „So sind virtuelle Teams nun mal!" Das ist ein Irrtum: So sind *ungeformte* virtuelle Teams nun mal!

Deshalb wiederhole ich gerne und mit Nachdruck meinen Rat (s. Kapitel 4): Investieren Sie in einen Kick-off! Es ist die beste Investition zum Projektstart. Und nicht nur wegen des Forming. Nicht nur, weil sich Ihre Teammitglieder da kennenlernen können, um den für virtuelle Teams so entscheidenden Teamgeist zu entwickeln, sondern auch wegen des Risikos.

Virtuelles Risk Management

Wir haben (Kapitel 1–3) viel über die Risiken gesprochen, denen ein virtuelles Team ausgesetzt ist: große Entfernungen, resultierende Isolation,

Ausfall der informellen horizontalen Kommunikation, bedrohter Teamgeist, Missverständnisse, daraus resultierende Konflikte, Friktionsverluste und Ineffizienz. Diese Risiken kennen Sie als Teamleiter. Finden Sie nicht, dass Ihre Teammitglieder sie auch kennen sollten?

> Sensibilisieren Sie Ihr Team für die Gefahren des virtuellen Arbeitens. Dann stehen Sie nicht allein da bei deren Bekämpfung. Auch virtuelles Teamleading ist Teamarbeit: Alle können und sollen mithelfen.

Belassen Sie es nicht bei Hinweis und Thematisierung der virtuellen Gefahren. Vereinbaren Sie gemeinsam mit Ihrem Team die entsprechende Prophylaxe: Aufbau persönlicher Beziehungen, horizontale Kommunikation, Feedbackprinzipien, Fokus auf beziehungsfreundlichen Umgang miteinander, Aufbau und Pflege von gegenseitigem Vertrauen, institutionalisierter Vertrauensvorschuss, große Ambiguitätstoleranz. Wie gesagt: Der beste Rahmen für diese Vereinbarung ist das Forming. Deshalb wird ein professioneller virtueller Teamleader niemals fragen: „Was ist der Ersatz fürs Forming?" Er wird vielmehr fragen: „Wie forme ich ein virtuelles Team?"

Die Teilantwort darauf lautet: Am besten beim Kick-off. Diese Teilantwort treibt etlichen Teamleadern die Zornesröte ins Gesicht: „Erzählen Sie das nicht mir! Erzählen Sie das meinem Vorgesetzten! Der muss das Budget dafür freigeben." Absolut richtig.

Betrachten Sie die vorgebrachten Argumente für die Notwendigkeit eines Kick-offs deshalb nicht als Vorwurf an Sie, sondern als Steilpass, als Sammlung von Argumenten. Argumente, die Ihnen helfen werden, Ihren Auftraggeber von der Notwendigkeit und dem Nutzen eines Kick-offs zu überzeugen. Wie stehen dabei Ihre Chancen? Relativ gut.

Aus Erfahrung kann ich sagen: Teamleader, die über die Uneinsichtigkeit ihrer Auftraggeber und Vorgesetzten klagen, kriegen selten einen Kick-off (Wer klagt, ändert nicht). Teamleader, die angesichts der Uneinsichtigkeit der Entscheider die Idee eines Kick-offs von vorne herein als aussichtslos einschätzen, bekommen auch keinen Kick-off. Teamleader, die einen Kick-off bekommen, haben oft intensiv und lange dafür gekämpft.

> Ein guter Teamleader gibt nicht auf, bloß weil einige Leute nicht auf Anhieb die Brillanz seiner Ideen erkennen.

Wie führt man die ewigen Skeptiker und Kostenbremser zum Licht? Das werde ich oft von Projektleitern gefragt, die längst die Notwendigkeit des Kick-offs erkannt haben, aber gegen „Die Bremser" im Einkauf, höheren Orts, im Lenkungsausschuss oder sonstwo ankämpfen müssen. Oft werde ich gefragt: „Was sind die besten Argumente, um möglichst schnell und leicht das Budget dafür zu bekommen?" Hier eine Handvoll der besten.

Gute Argumente für einen Kick-off

☑ Nichts überzeugt Kostenbremser so sehr wie Zahlen. Also geben Sie ihnen welche. Sagen Sie zum Beispiel: „Mein Team hat zehn Mitglieder. Wenn die sich nicht kennenlernen, gibt es zwangsläufig Reibereien, Missverständnisse, Anlaufschwierigkeiten und Konflikte. Wenn jedes Teammitglied deshalb pro Tag auch nur eine Viertelstunde verliert, dann sind das pro Woche 95 Minuten, mal zehn Mitglieder ergibt das über 15 völlig unnötig vergeudete Stunden – Woche für Woche. Unser Projekt läuft X Wochen, mal 15 Wochenstunden mal kalkulatorischem Stundensatz, ergibt Y Euro – und

jetzt vergleichen Sie das bitte mit den Honorarkosten samt Arbeitsstunden der Mitglieder für einen Kick-off: Der Kick-off ist klar günstiger!"
- ☑ Zweites Argument: Transparenz. Sie können beispielsweise argumentieren: „Wir müssen zu Beginn ein für allemal festlegen, wer wie wann an wen berichtet und welche Informationen wie ausgetauscht und wo dokumentiert werden. Das geht nicht per Anweisung, das geht nur wie in einem richtigen Meeting per Koordination und Konsens. Mangelnde Transparenz bedeutet Verwirrung, Verwirrung verlangsamt die Abläufe, verlangsamte Abläufe bedeuten Ineffizienz, Ineffizienz kostet Geld und verzögert das Projekt unnötig!"
- ☑ Schlichtes Argument: So ein Kick-off erhöht die Motivation im Team und Motivation ist unbezahlbar.
- ☑ „Vergleichen Sie doch bitte mal die Zielgenauigkeit von Projekten mit und ohne Kick-off." Vorausgesetzt Sie verfügen über Schätzungen oder Vergleichszahlen (wozu haben wir eigentlich ein Controlling?). Dann können Sie sagen: „Projekte mit Kick-off überziehen sehr viel weniger Liefertermin und Budget und erreichen ihre Leistungsziele mit höherer Genauigkeit. Das heißt, sie sparen Geld!"
- ☑ Daraus folgt: Ein Kick-off ist kein Kostenfaktor, sondern eine Investition mit Return on Investment.

Probieren Sie diese Argumente doch mal am nächsten Kostenbremser aus! Sehr viel schneller und ganz ohne große Argumentation geht es, wenn Sie die Chance haben, einen Topentscheider zu einem Kick-off einzuladen. Das überzeugt extrem gut – wenn der Kick-off gut konzipiert und moderiert wird.

Forming: Das Team in Form bringen

Manchmal erlebe ich, dass Topentscheider skeptisch („Psycho-Quatsch!") in einen Kick-off reingehen und total begeistert wieder rauskommen: „Was war denn das? Das war unglaublich! Der Teamgeist war ja fast körperlich spürbar!" Das ist der Regelfall bei professionell durchgeführten Kick-offs. Warum?

Warum hat Forming so eine, na, eben formende, prägende Wirkung auf Teams? Das liegt am Imparitätsprinzip der interpersonellen Wahrnehmung:

> Menschen, die sich nicht kennen, nehmen zuerst und zumeist ihre Unterschiede wahr. Menschen, die sich kennen, ihre Gemeinsamkeiten.

Der Effekt ist so banal, dass ihn sogar die Rolling Stones verstehen. Wie Mick Jagger in „Satisfaction" rappt: „He can't be a man 'cause he doesn't smoke the same cigarettes as me." Oder wie das verballhornte Sprichwort sagt: Nichts Fremdes ist mir menschlich. Unterschiede machen unmenschlich. Und an Unbekannten nehmen die meisten Menschen und so gut wie alle gestressten Menschen zuerst immer die Unterschiede wahr. Das hat nichts mit Xenophobie zu tun, das ist ein 40 000 Jahre alter Überlebensinstinkt: Trägt der Fremde, dem ich überraschend begegne, eine Streitaxt – und ich nicht? Unterschiede konnten damals tödlich sein. Heute nicht mehr, doch 40 000 Jahre sind für unser Genom nicht länger als eine Sekunde – und innerhalb einer Sekunde ändern sich keine Gene. Schade, dass dieses Wissen aus dem Neandertal noch nicht großflächig bis ins Management vorgedrungen ist.

Denn sonst müsste jeder Manager entsetzt ausrufen: „Und wir pferchen Menschen mit diesem Urinstinkt so mir nichts dir nichts in ein virtuelles Team? Das muss ja Mord und Totschlag geben!" Wegen der disproportional wahrgenommenen Unterschiede. Geht Ihnen ein Licht auf? Das ist das Geheimnis des Forming.

> Das Forming-Geheimnis: Je besser sich Menschen kennenlernen, desto weniger sehen sie ihre Unterschiede und desto stärker ihre Gemeinsamkeiten. Und aus diesem entdeckten Gemeinsamkeiten entsteht der Team-Turbo: Teamgeist.

Dieser Effekt tritt bereits nach 20, 30 Minuten auf und festigt sich über die Dauer von Stunden. Nach einem gemeinsam verbrachten Tag ist der Effekt stark und tragfähig.

> Das Geheimnis des Forming ist die Entwicklung von Vertrauen durch die Entdeckung von Gemeinsamkeiten.

Na und?, könnte man einwenden. Dann entdeckt man eben ein paar Gemeinsamkeiten. Was soll das bringen? Alles. Denn die entdeckten Gemeinsamkeiten aktivieren einen anderen, uralten und deshalb ungeheuer mächtigen Instinkt: Sympathie. Es gibt dazu ein schönes englisches Sprichwort:

> People who are like each other, like each other.

Sympathie ist nicht irgendein schwammiges Konstrukt, sondern ein gut definierter Erfolgsmechanismus: Nicht so sehr blonde Haare oder gute Manieren machen sympathisch, sondern Gemeinsamkeiten. Wer mir ähnlich ist (weil er zum Beispiel dieselbe Marke raucht, s.o.), den mag ich und dem vertraue ich instinktiv – noch bevor mein Großhirn etwas über ihn sagen kann.

Die Gemeinsamkeiten sind es, die ein Team zusammen halten und Identität stiften. Und diese Gemeinsamkeiten entdeckt ein Team eben nicht in fünf Minuten oder wenn es über die ganze Welt verstreut ist oder wenn nur über Sachinhalte parliert wird. Das braucht Zeit, Nähe und das persönliche Kennenlernen.

> **Aus Gemeinsamkeiten entsteht Sympathie, entsteht Vertrauen und Teamgeist.**

Ich wundere mich immer über Manager, die groß von „Teamgeist" reden und im selben Atemzug Forming als „Psycho-Quatsch" bezeichnen oder kein Budget für einen Kick-off herausrücken wollen. Ich würde mich sowas nicht trauen. Ich hätte Angst, dass jeder Azubi bemerkt, wie wenig Ahnung ich von Teamgeist habe.

> **Teamgeist kann man nicht fordern, nur fördern.**

Die beste Förderung bietet das Forming. Das Forming zündet den Team-Turbo. Weil das Forming einem virtuellen Team die Gelegenheit bietet, Gemeinsamkeiten kennenzulernen. Noch so ein Missverständnis:

> **Gemeinsamkeiten kann man weder postulieren noch beschwören à la „Wir haben doch so viel gemeinsam!" Gemeinsamkeiten kann man nur entdecken. Gemeinsam.**

Und dafür braucht man Zeit. Nicht viel. Es reicht die Zeit für einen Kick-off. Aber so viel Zeit muss sein – wenn Sie ein Team mit Teamgeist wollen. Andererseits: Warum sollten Sie sich mit weniger zufrieden geben? Warum sollten ausgerechnet Sie kein Team mit Teamgeist verdient haben? Warum sollten Sie sich und dem Team die Arbeit unnötig schwermachen wollen? Warum sollten Sie ein Projekt zu verantworten haben, dessen Team mit angezogener Handbremse arbeitet?

Die Antwort auf diese Fragen ist ganz einfach: Weil wahnsinnig viele Praktiker schlicht nicht wissen, wie man im Team Gemeinsamkeiten entdeckt. Waren Sie noch nie beim Tanztee?

Das Tanztee-Syndrom

Der industrialisierte Mensch hat die einfachsten menschlichen Praktiken verlernt. Viele seiner Spezies verhalten sich wie die Landmaus, die zum Tanztee in die Stadt fährt und dann einsam und verlassen in der Ecke steht, weil sie nicht weiß, wie man Kontakt aufnimmt. Manchmal erlebe ich verkrampfte Bemühungen von Projektleitern mit naturwissenschaftlichem oder akademischem Hintergrund, die allen Beteiligten eines Teammeetings einfach nur peinlich sind – am peinlichsten dem sich redlich aber ungelenk abmühenden Teamleiter. Dabei ist die Entdeckung von Gemeinsamkeiten keine große Sache; wirklich nicht:

> Lassen Sie die Leute einfach reihum von sich, ihren Aufgaben im Unternehmen, ihren Interessen, Vorlieben und Abneigungen bei Arbeit und Kommunikation und über ihre Erwartungen und Befürchtungen für das Projekt berichten – und ermuntern Sie Fragen und Zwischenbemerkungen ausdrücklich. Moderieren Sie die Wortmeldungen, indem Sie deren Gemeinsamkeiten unterstreichen à la: „Sie haben auch in München studiert? Wie Petra und ich! Hey, welcher Abschlussjahrgang?"

Wenn die Leute nicht von sich aus reden, dann können Sie das ruhig tabellenhaft aufs Flipchart malen: 1) Name, 2) Aufgabe im Unternehmen, 3) fachliche Schwerpunkte, 4) … Und dann arbeitet sich jeder laut durch die Liste. Das hilft die Schüchternheit der „Landmäuse" zu überwinden.

Es hilft auch, wenn Sie großzügig Kaffeepausen einstreuen: Menschen, wenn sie nicht medikamentös sediert sind, sind neugierig auf andere Menschen und erzählen für ihr Leben gerne von sich selbst. Also vergessen Sie Ihre Hemmungen vor solchen Kennenlern-Runden und lassen Sie die Zügel schleifen. Selbst wenn Sie nicht wissen sollten, wie sowas geht – die Menschen um Sie herum werden das nach mehrfachem sanften Anstupsen ganz gut hinbekommen. Es kann nichts dabei schiefgehen, wenn Sie das Ganze ganz locker betrachten, angehen und moderieren.

> **Sehr hilfreich ist, wenn Sie selbst ein ehrliches Interesse an Ihren Teammitgliedern einbringen.**

Wenn Sie also Dinge sagen wie: „Wirklich? Das ist Ihr drittes Projekt dieser Art? Bin ich froh, dass wir so einen Experten in der Runde haben. Wer hat ähnliche Erfahrungen? Gute oder schlechte?" Und schon ist man mitten in der Diskussion und im Kennenlernen. Kleiner Tipp: Diese Art von Gesprächen kennen und können Sie doch bereits aus der Praxis mit Kumpels, Kollegen, Verwandten – übertragen Sie das einfach ins Forming. So einfach ist das? So einfach ist das – wenn man weiß, wie's geht.

Spitzenteams machen das ständig

Was macht Spitzenteams aus? Eine seltsame Frage. Seltsam, weil sie so selten gestellt wird. Irgendwie kann ich mich des Eindrucks nicht erwehren, dass beim Projektmanagement die meisten nur auf das Projekt starren und das Team ignorieren. Die meisten – Sie nicht. Sie lesen immerhin ein Buch darüber, was Spitzenteams ausmacht. Damit gehören Sie zur geistigen Elite im Projektmanagement. Sie haben es verdient, ein Geheimnis zu erfahren:

> Spitzenteams belassen es nicht beim Kick-off. Sie schieben regelmäßig Forming-Elemente ein.

Das ist (neben den Sachthemen) der Grund, warum sich Spitzenteams von großen, mehrmonatigen Projekten regelmäßig persönlich zu Präsenzmeetings treffen. Daran müssen nicht immer alle Mitglieder teilnehmen. Wichtig ist allein: Es werden dabei nicht nur die nötigen Sachinhalte besprochen, sondern es wird immer auch genügend Zeit eingeplant für die Pflege der persönlichen Beziehungen und Gemeinsamkeiten. Ist irgendwie logisch: Einmal ist keinmal. Kein Sozialkonstrukt funktioniert ohne regelmäßige Pflege – keine Familie, keine Sportmannschaft, kein Verein, keine Abteilung, kein Team, keine Ehe (obwohl es gerade viele Eheleute mit Low Maintenance probieren – auch daher die hohe Scheidungsquote). Teamgeist ist kein perpetuum mobile.

> Teamgeist braucht Pflege.

Teamgeist braucht die regelmäßige persönliche Begegnung und den Austausch von Mensch zu Mensch. Ich weiß, diesen Zusammenhang würden die Technokraten am liebsten sofort abschaffen. Aber solange noch Menschen in der Wirtschaft beschäftigt sind, gilt dieser Zusammenhang. Jeder darf ihn auf eigene Gefahr ignorieren.

Ihnen sind aber die Hände gebunden? Regelmäßige Treffen sind Ihnen aus welchen Gründen auch immer unmöglich? Das kann passieren. Was heißt das für Sie?

Virtuelles Forming

Ich verrate Ihnen noch ein Geheimnis: Management ist keine Frage des Managements. Management ist eine Frage des Charakters.

Wenn regelmäßige Forming-Präsenztermine unmöglich sind, werfen viele Teamleader die Flinte ins Korn und geben das projektbegleitende Forming auf: „Hat doch eh' kein' Wert!" Das ist bequem und einfach. Teamleader mit stärkerem Charakter sagen: „Jetzt erst recht!" Das ist die richtige Einstellung.

> Je unmöglicher regelmäßige physische Treffen sind, desto überlebenswichtiger und erfolgsentscheidender werden virtuelle Instrumente des Forming.

Es gibt viele Instrumente des virtuellen Forming. Ihrer Phantasie sind keine Grenzen gesetzt. Da gibt es zum Beispiel die Projekt-Website im Intranet oder die virtuelle Wall of Fame mit den Bildern der Teammitglieder und Informationen zur Person, die auch persönliche Angaben enthalten. Es gibt Projekt-Foren, die ausdrücklich auch den persönlichen Meinungsaustausch ermuntern und fördern. Eine Projektgruppe in der Medienbranche zum Beispiel pflegt eine eigene, virtuelle „Projekt-

Gazette", die täglich per E-Mail verteilt wird und zu der alle Teammitglieder beitragen. Welche Möglichkeiten fallen Ihnen ein?

Ist das alles nicht ein wenig kindisch? Ein wenig? Das ist total kindisch. Neulich musste ich in einem virtuellen Team intervenieren, in dem sich Entwicklung und Fertigungssteuerung so heftig in die Haare geraten waren, dass der aktuelle Meilenstein um zwei Wochen (!) verfehlt wurde. Erst traf ich mich mit dem Chef-Entwickler des Teams in München. Er sagte: „Die Schlafmützen von der Fertigung in Rumänien torpedieren das ganze Projekt!" Ich widersprach nicht, sondern zog betont beiläufig ein paar Fotos heraus: „Ach, Sie meinen diese Schlafmützen?" Und ich zeigte ihm einige Familienbilder des dreiköpfigen rumänischen Teams der Fertigungssteuerung. Er hatte seine Kollege noch nie gesehen.

Er hatte mit ihnen immer nur per Telefon und E-Mail konferiert. Nachdem er die Bilder gesehen hatte, war keine Rede mehr von „Schlafmützen": Beißhemmung (s.o.), eine Vorstufe von Teamgeist. Ein paar Fotos machen den Unterschied? Das ist kindisch. Und hoch wirksam. Wenn Teamgeist so „kindisch" ist, dann möchte ich bitte der kindischste Teamleiter der Welt sein.

Zugegeben: Ein virtueller Austausch kann nie den physischen Austausch ersetzen. Doch wenn sich Ihre Leute nicht persönlich treffen können, dann müssen Sie eben auf virtuelle Weise Schadensbegrenzung/Forming betreiben.

Es versteht sich von selbst, dass Spitzenteams das virtuelle Forming nicht als Ersatz, sondern als Ergänzung zum Präsenz-Forming beim Kick-off einsetzen. Sie aktivieren wirklich alle Optionen, um sich auch informell austauschen und damit das Team formen zu können. Egal, in welcher Konstellation Sie virtuelles Forming einsetzen: Setzen Sie es ein! Setzen Sie darauf.

Mir fällt dazu ein schönes Praxisbeispiel ein.

Kein Klügerer gibt nach

Eine französische Teamleiterin soll mit einem Shoestring Budget eine neue Dienstleistung im After Sales entwickeln. Shoestring bedeutet: kein Geld für Kick-off, Präsenz-Forming und andere nötigen Dinge. Aber sie hat einen patenten Programmierer im Team. Der entwirft für sie eine virtuelle Pinnwand, auf der jedes Teammitglied ein Foto von sich (mit oder ohne Familie) einstellt, seine Kompetenzen, seine Projekterfahrung, seine Vorlieben und Hobbys. An die Pinnwand angeschlossen ist ein Forum, auf dem bereits Stunden, nachdem die Pinnwand online geht, die ersten Teammitglieder aus unterschiedlichen Ländern Kochrezepte austauschen. Der Engländer und der Deutsche diskutieren über die Neuzugänge bei Manchester United und Bayern München. Und alle zusammen wetten auf den Ausgang eines aktuell laufenden internationalen Sport-Events. Was sagt der Auftraggeber dazu?

Richtig geraten, der Auftraggeber schimpft: „Die sollen nicht stundenlang Kochrezepte austauschen! Die sollen was arbeiten!" Als das Team ein Jahr später ein Spitzenergebnis vorlegt, sagt der Auftraggeber: „Sehen Sie? Es lohnt sich doch, wenn man weniger Kochrezepte austauscht und mehr arbeitet!" Was sagt die Projektleiterin dazu? Nichts. Zu ihm. Zum Team sagt sie: „Manche lernen's nie." Aber mit noch zwei, drei solcher Spitzenergebnisse ist sie bald in einer Position, in der ihr Wort mehr gilt als das des Unbelehrbaren. Dann ändert sich auch die Firmenkultur: Ein Einzelner kann die Welt ändern.

Zum Spitzenteam mit Kochrezepten? Ja, das ist die hohe Kunst der virtuellen Teamführung. Deshalb wird es Sie nicht wundern, wenn wir als nächstes Instrument des virtuellen Forming den Chatroom diskutieren.

Lassen Sie chatten!

Richten Sie auf jeden Fall einen Projekt-Chatroom ein. Die guten Leute im Team tauschen sich doch sowieso informell per E-Mail aus. Da können Sie diese Option des virtuellen Forming doch gleich so ausformen, dass alle sich aufgefordert fühlen, diesen Austausch zu pflegen und dabei das Team zu formen. Schöner Nebeneffekt: Sie sehen, was läuft. Es gibt weniger Gerüchteküche hinter Ihrem Rücken – falls Sie es sich verkneifen können, die wilde Sau im Chatroom rauszulassen. Markieren Sie bitte nicht den Oberaufseher! Das killt das Forming.

Natürlich rechnen Sie auch hierbei wieder mit dem Anwurf der ewig Gestrigen: „Das Team soll nicht chatten, sondern was arbeiten!" Im Internet-Zeitalter lachen über solche Atavismen schon die Schulkinder. Aber es sitzen nur wenige Schulkinder im Management. Also stellen Sie sich auf den Anwurf ein und ignorieren Sie ihn weitgehend. Sagen Sie „Absolut!" – und lassen Sie weiterchatten. Sie können auch Management von unten versuchen und die ewig Gestrigen coachen: „Unsere Teammitglieder können nur dann ihre Arbeit gut machen, wenn sie sich auch informell austauschen können und wollen. Das formt den Teamgeist und ist offizielles Instrument bei jedem Team Forming." Probieren Sie es. Vielleicht wird es verstanden.

Den Chatroom hat übrigens ein cleverer Projektleiter mal als „die Kaffeeküche des virtuellen Teams" bezeichnet. Genau das ist er. Und wie wir alle wissen, werden in der Kaffeeküche die besten Ideen auch und gerade für Projekte geboren. Warum sollten Sie auf die besten Ideen verzichten wollen, bloß weil irgendwer das nicht einsehen mag?

Wie reden wir miteinander?

Es ist Jacke wie Hose, ob Sie das Folgende eher dem Forming oder dem Norming zurechnen. Aber weil es so wichtig ist und häufig vergessen wird:

> Vereinbaren Sie (beim Forming) auch einige Grundregeln der Kommunikation. Regeln formen (und normen) nämlich auch.

Zum Beispiel dass E-Mails grundsätzlich binnen 24 (oder 48) Stunden zumindest vorläufig oder teilweise beantwortet werden. Oder dass bei Übermittlung wichtiger Daten der Empfänger den Empfang umgehend quittiert, damit der Absender weiß, dass alles gut angekommen ist – und dass man sich bei dieser Gelegenheit auch tunlichst für die Übermittlung bedankt.

> Reden Sie im Team miteinander darüber, wie Sie im Team miteinander reden wollen!

Ein Team, in dem jeder ohne Regeln verbal gegen jeden holzt, formt sich nie zum Spitzenteam. Es versteht sich von selbst, dass echte Teamleader bei allen Interaktionen die Einhaltung dieser Sprachregeln beobachten und gegebenenfalls freundlich aber dezidiert an ihre Einhaltung erinnern. Manchmal sind die Dinge ganz einfach, die ein Team formen. Einfach, aber nicht leicht.

Virtueller Jour fixe

In jeder gut geführten Abteilung gibt es einen Jour fixe. Wenn das keine One-Man-Show des Abteilungsleiters ist, ist das ein Produktivitätstreiber. Dasselbe gilt fürs virtuelle Team:

> Halten Sie im virtuellen Team den Jour fixe als Telefon- oder Videokonferenz ab.

Natürlich reden Sie dabei auch über Sachinhalte, den Ampel-Status, Arbeitspakete, Ressourcenverbrauch, Zielerreichung und das weitere Vorgehen. Das ist Pflicht. Danach beginnt die Kür, die hohe Kunst der Virtual Leadership, das fortgesetzte Forming.

Klassische Projektleiter denken beim Verhandeln der Sachinhalte zum Beispiel: „Was ist denn das heute für eine komische Stimmung im Team?" – und machen ungerührt sachbezogen weiter. Das De-Forming, das sie dabei anrichten, reparieren ihre kompetenteren Teammitglieder danach dann in der Kaffeeküche. Ein professioneller Teamleader dagegen holt die Stimmung im Team ab: „Leute, ich habe den Eindruck, dass eine gewisse Irritation herrscht. Was ist es?" Was dann an Wortmeldungen kommt, muss man erst mal aushalten, moderieren und beantworten können. Das löst bei vielen ein Aha-Erlebnis aus:

> Ein virtueller Teamleiter braucht sehr viel mehr Sozial- und Kommunikationskompetenz als ein „gewöhnlicher" Projektmanager – wenn er erfolgreich sein möchte.

Natürlich kostet es Zeit, auf die Befindlichkeiten der Leute einzugehen! Und Nerven. Und sprachliche Kompetenz (also kurz: Führungskompetenz). Aber es kostet Sie noch viel mehr Zeit und Nerven, wenn Sie *nicht* auf die Befindlichkeiten im Team eingehen! Denn wenn die Leute heute sauer aufeinander sind, dann beginnen sie morgen damit, sich gegenseitig zu sabotieren. Dem Amateur fällt es schwer, Befindlichkeiten zu managen. Der Profi wartet nicht darauf, bis sich Befindlichkeiten als Stimmungsbremsen manifestieren. Er holt Befindlichkeiten ab, bevor sie virulent werden. Per Reflexion.

Regelmäßige Reflexion

Wenn die Stimmung die Produktivität im Team bremst, ist es schon zu spät. Besser ist, die Stimmung auszuloten, *bevor* sie Schaden anrichtet. Das gelingt echten Virtual Leaders mit regelmäßigen Reflexionsphasen beim Jour fixe, bei Präsenzmeetings, bei Telefon- oder Videokonferenzen, im Chatroom. Das hört sich großspurig an, ist aber ganz banal.

Professionelle Teamleader fragen einfach regelmäßig: „Lassen wir mal Termine und Sachinhalte kurz beiseite. Reden wir nicht über das Projekt, sondern über unser Team. Was läuft gut bei unserer Zusammenarbeit? Was sollten wir also auf jeden Fall beibehalten? Was könnten wir ändern?"

> Regelmäßige Reflexionsphasen beugen Verstimmungen vor.

Sie müssen nicht lange reflektieren (lassen). Fünf bis 20 Minuten reichen völlig – je nach Gesprächsbedarf. Am Anfang kann das etwas zäh sein, wenn Ihre Teammitglieder es aus der Linie nicht gewohnt sind, dass sich ein Manager nach ihrem Befinden und anderen wirklich wichtigen

Dingen erkundigt. Bleiben Sie geduldig. Diese Hemmungen geben sich mit der Zeit.

Sie geben sich umso schneller, je besser Ihre Kommunikationskompetenz ist. Was ist Kommunikationskompetenz? Im Schnelldurchlauf:

- „Ach, regen Sie sich doch nicht auf, wenn die Spanier immer etwas rumtrödeln." Das ist schlechte Kommunikationskompetenz. Danach wird das angesprochene Teammitglied sich nie wieder an der Reflexion beteiligen: Der Teamleader hat wahrscheinlich völlig unabsichtlich die Wortmeldung des Mitglieds verunglimpft, indem er sie verniedlicht und ihn damit nicht ernst genommen hat.
- „Sie würden gerne schneller Antworten aus Spanien bekommen? Kann ich verstehen. Welche Reaktionszeit wäre für Sie schnell genug? Und was sagen Sie, liebe Spanier, dazu?" Das ist Kommunikationskompetenz.

Zugegeben, das ist nicht leicht. Bei der „normalen" Arbeit reden wir oft relativ gedankenlos. Aber genau das ist ein entscheidender Unterschied zwischen erfolgreichen und weniger erfolgreichen Teammanagern: Ein echter Teamleader redet nicht gedankenlos. Er redet forming-orientiert. Warum kann man das so selten in der Praxis erleben? Weil die Angst umgeht.

Die Angst vor Konflikten

Es ist jedem halbwegs vernünftigen Menschen klar, dass ein Team umso produktiver ist, je besser die Stimmung ist und dass die Stimmung umso besser ist, je öfter man diese explizit thematisiert und pflegt: „Wie ist denn die Stimmung so? Was läuft? Was nicht?" Drei simple Fragen, die bei 90 Prozent aller Menschen in- und außerhalb von Unternehmen Panik auslösen. Warum?

Logisch, Sie haben das sicher erkannt: Weil doch jeder, der diese drei Fragen stellt, befürchten muss, dass er unter einem Shitstorm von Vorwürfen, Verwünschungen, Klagen, Beschwerden, Kritik, emotionalen Ausrastern und Rechtfertigungsorgien begraben wird. In drei Worten: ultimative Konflikt-Gefahr! Der gestandene Praktiker hat kein Problem damit, das in fruchtigen Worten auszudrücken: „Ich frag die doch nicht, wie sie sich fühlen! Die texten mich doch endlos zu!" Was einigermaßen absurd ist:

> Lieber opfert man Verstimmungen im Team 30 bis 70 Prozent der Leistungsfähigkeit, als sich auch nur zehn Minuten die Leiden der Leute anzuhören.

Was sind wir doch für Weicheier! Sie nicht? Hätte ich auch nicht vermutet. Sie sind immerhin hier. Weicheier lesen keine Bücher über das Forming virtueller Teams. Virtual Leaders sind keine Weicheier. Warum nicht? Weil sie wissen:

- Je länger die Leute sich „auskotzen", desto besser: Da hat sich offensichtlich ungeheuer was aufgestaut, das die Teamleistung ganz sicher bereits massiv ausgebremst hat!
- Je früher Sie mit der Reflexion beginnen, desto weniger kann sich anstauen!
- Geben Sie die super-simple Losung aus: „Wir reden jetzt Tacheles! Aber keiner von uns wird einen anderen persönlich angreifen! Read my lips: Keine Vorwürfe!"
- Menschen können vorwurfsfrei kommunizieren, zum Beispiel per Ich-Botschaft oder Sandwich-Feedback – wenn Sie sie freundlich, unnachgiebig und wiederholt daran erinnern.
- Selbst Schwarzenegger und van Damme haben Angst vor einem Konflikt – sie gehen aber trotzdem rein. Weil sie wissen und es oft

erlebt haben: Wer Konflikte feige scheut, den macht die Feigheit nur noch schwächer. Wer mit zittrigen Händen reingeht, den machen sie stärker. Weil er merkt: Ich kann das!

Ich könnte jetzt auch ganz einfach sagen: Weicheier sollten keine Projektleitung übernehmen. Von einem Teamleader kann man Konfliktkompetenz erwarten. Das wäre zwar ein wenig hart, aber es zeigt sich doch: Es gibt deutliche Unterschiede zwischen herkömmlichen Projektleitern und echten Teamleadern. Was möchten Sie sein?

Seien Sie ein echter Teamleader!

Herkömmliche Projektleiter merken recht wohl, dass etwas nicht stimmt im Team. Sie versuchen auch oft, die Stimmung aufzubessern – im Alleingang. Das ist immer ein Fehler:

> Wer im Alleingang die Stimmung zu heben versucht, meint das zwar gut, kommt aber eher als größenwahnsinniger Team-Doktor oder als Pausen-Clown rüber.

Erfolgreiche Teamleader versuchen nie, die Stimmung im Alleingang zu heben mit Sprüchen wie: „Nun lassen Sie doch die Köpfe nicht hängen! Das packen wir doch auch noch!" Das taugt nicht. Das würde bei Ihnen doch auch nicht wirken, oder? Echte Teamleader wissen:

> Auch die Stimmung im Team ist Teamaufgabe.

Einer im Team ist etwas angesäuert? Dann redet der Teamleader ihm das nicht einseitig aus, sondern macht einen Team Effort daraus, indem er ihn und andere einbezieht und fragt, woran das liegen könnte und wie man das abstellen kann (nur bei schwerer Verstimmung gilt das 4-Augen-Prinzip).

Weniger erfolgreiche Teamleader beschweren sich öfter, sie hätten „Torpedos" oder „Querschläger" im Team: „Wie bringe ich die wieder auf Spur?" Die Frage lässt sich nicht beantworten, weil es die falsche Frage ist. Erfolgreiche Teamleader stellen eine andere Frage: „Wie kann ich beim Forming einzelnen Teammitgliedern helfen, ihre Position und ihre Rolle im Team zu finden?" Stellt man die Frage auf diese Weise, finden sich die Antworten fast von selbst.

Silke zum Beispiel hat ein „Problem" mit Horst, weil Horst immer alles besser weiß. Er strebt offensichtlich die Position „Besserwisser" an. Also bezeichnet Silke ihn nicht als „Störfaktor" und bekämpft ihn nicht, was lediglich eskalieren würde. Sie redet vielmehr mit ihm und fragt ihn, ob er für seine drei Arbeitspakete und alle Fragen der technischen Umsetzung die oberste Autorität im Projekt sein möchte? Er sagt begeistert zu – und hält sich künftig deutlich bei der Kritik an Sachverhalten zurück, die ihn nichts angehen und für die er es eben *nicht* besser weiß. So formt man Teams. Wenn man gut ist. Wann ist man das?

Hall of Fame

Aus dem eben diskutierten ergeben sich einige Schlüsselkompetenzen für das Anforderungsprofil eines Virtual Leaders:

- Ein „normaler" Projektleiter hat sein Projekt im Fokus. Ein (virtueller) Teamleader hat sein Projekt und sein Team im Fokus.

- Ein Projektleiter plant seine Arbeitspakete, ein Teamleader auch sein Forming.
- Ein Projektleiter hält Forming für eine Phase der Teamentwicklung, ein Teamleader für den zentralen Produktivitätsfaktor im Projekt.
- Ein Projektleiter hat ein Gespür für Qualität, Termine, Technik, Kapazitäten und Finanzen, ein Teamleader darüber hinaus für die Stimmung in seinem Team.
- Ein Projektleiter leitet ein Projekt. Ein Teamleader kann darüber hinaus auch mal wie ein normaler Mensch reden, wenn es die Befindlichkeit im Team nötig macht (und davor).
- Ein Projektleiter investiert in Technik und Prozesse, ein Teamleader darüber hinaus ins Forming seines Teams.
- Ein Projektleiter beschwert sich über die Performance seines Teams und hofft, dass er irgendwann mal ein Superteam bekommt.
- Ein Teamleader formt selber aus jedem Team so weit wie möglich ein Spitzenteam.

Conditio sine qua non

Fällt das Stichwort „Forming", äußern viele Topentscheider Skepsis. Ein intelligenter, erfolgsorientierter Projektleiter wird diese Skepsis ignorieren. Denn er weiß:

> Wenn es um herausragenden Erfolg geht, ist Forming die conditio sine qua non.

Die Bedingung, ohne die herausragender Erfolg nicht möglich ist. Wer Erfolg will, formt sein Team. Es wird ihm/ihr gelingen. Weil es nicht wirklich schwierig ist. Es ist nicht leicht, aber es ist einfach. Es fällt schwer – aber nicht, weil es komplex wäre, sondern weil es ungewohnt ist. Ganz Clevere übertragen das Forming auf Freundeskreis, Verwandtschaft, Familie, KollegInnen oder das Führen von Vorgesetzten: Es ist immer gut, wenn man die Stimmung in solchen sozialen Gebilden zuverlässig wahrnehmen und gemeinsam zum Besseren wenden kann, schlicht indem man sie anspricht, alle beim Lösen mitmachen lässt und den Menschen mehrere Möglichkeiten gibt, den persönlichen Austausch zu pflegen.

In aller Kürze: Das Team formen

- Je besser ein Team geformt wird, desto erfolgreicher wird das Projekt.
- Superteams fallen nicht vom Himmel. Sie werden geformt.
- Bester Rahmen dafür: der Kick-off.
- Kein Geld dafür? Dann formen Sie virtuell.
- Mit E-Pinnwand, Chatroom, Jour fixe, der Vereinbarung einiger weniger Sprachregelungen und regelmäßiger Reflexion.
- Wichtigste Elemente des Forming: Anregung des persönlichen Austauschs, Infrastruktur der Austauschmöglichkeiten (Chatroom, Pinnwand …), gemeinsame Reflexion und Beeinflussung der Stimmung im Team.
- Kern des Forming: Vertrauensbildung durch Gemeinsamkeiten. Gemeinsamkeiten erschaffen den Teamgeist. Also entdecken und moderieren Sie diese Gemeinsamkeiten!
- Fortlaufendes Forming: Stimmungs- und Vertrauenspflege!
- Sie haben kein Gespür für die Stimmung im Team? Mit diesem Gespür wurde kein herausragender Teamleader geboren. Das trainiert man sich selber an.
- Für die Stimmung im Team ist das Team und nicht Sie zuständig? So ein Team rauft sich von alleine zusammen? Erwachsene

Leute müssen doch wohl von alleine miteinander auskommen? Das sind Ausreden, keine Teamstrategien.
- Ihnen fehlt die kommunikative Kompetenz für professionelles Teamforming? Dafür gibt es eine einfache Lösung: Learning by Doing. Oder noch einfacher: Zuhören und Fragen stellen.
- Spielen Sie nicht den Stimmungs-Doktor oder den Pausen-Clown! Die Stimmung im Team ist Teamangelegenheit.
- Haben Sie Spaß dabei! Ein Team zu formen, macht doppelt Spaß, weil es gute Stimmung bringt und Erfolg.

> „Wer ohne Macht obsiegt,
> ist der mächtigste Krieger."
>
> Sung Tsu

6 Influencing: Die heimliche Macht

Die Macht des Projektleiters

Manager haben Macht (Position Power). Deshalb gehorchen ihnen Mitarbeiter. Projektleiter haben meist keine Disziplinargewalt, deshalb …

- „… hören die einfach nicht auf mich!"
- „… tun die nur das Nötigste."
- „… macht im Prinzip jeder, was er will."
- „… kann ich denen nicht die Hammelbeine langziehen, wenn sie ihre Arbeitspakete verspätet abliefern!"
- „… geht es in Videokonferenzen zu wie auf der Kirmes. Drei reden ernsthaft und der Rest spielt mit dem Smartphone."
- „… kommen ständig welche zu spät ins Meeting."
- „… hören die mir höflich zu, machen dann aber hinter meinem Rücken doch wieder, was sie für richtig halten – oder gar nichts."
- „… kann so ein Projekt doch überhaupt nicht funktionieren. Wie denn auch?"

Gute Frage. Der Projektmanager ist der Eunuche des Kapitalismus: Will viel, hat aber nicht das nötige Instrument dafür. Schon der klassische Projektmanager hat keine formale Macht – und beim virtuellen

Teamleader kommen dazu auch noch Entfernung und Isolation seiner Teammitglieder! Was bleibt als Führungsinstrument, wenn Macht und Disziplinargewalt wegfallen? Tatsächlich wissen das viele nicht. Dabei hat das Führen ohne Macht – auch „Führen auf der Beziehungsebene genannt" – so einen eingängigen Namen:

> Führen ohne Macht: Influencing

Wörtlich: Einfluss nehmen. Aha-Effekt? Richtig. Einfluss nehmen kann selbst der/die Machtloseste. Typisches Beispiel sind Chefsekretärinnen. Rein formal haben sie „nichts zu sagen". Tatsächlich aber sind clevere Sekretärinnen die stillen Machthaber in Abteilungen, Bereichen, Unternehmen, Verbänden, Behörden und Ministerien. Sie beeinflussen ihre Chefs mehr als diese auch nur ahnen. Obwohl die Sekretärin keine formale, disziplinarische Macht hat. Braucht sie auch nicht. Sie weiß, welche Hebel sie ziehen muss, damit ihr Boss in der Spur bleibt. Die Wissenschaft der Hebel heißt Influencing.

Hebeln Sie!

Die Good News sind: Influencing ist weder neu, noch müssen Sie es lernen. Sie machen das schon! Schon lange. Jede(r) von uns schmeichelt zum Beispiel, lobt oder anerkennt gelegentlich andere Menschen, um sie für sich und seine Interessen einzunehmen. Jede(r) setzt solche (und andere) Influencing-Instrumente regelmäßig ein, meist völlig unbewusst. Und da liegt die Crux:

> Unbewusstes Influencing wirkt. Bewusstes wirkt sehr viel stärker.

Wenn wir unbewusst influencen, nutzen wir erfahrungsgemäß im Schnitt nur circa drei Lieblingswerkzeuge. Manchmal funktionieren diese, manchmal nicht. Deshalb gibt es mehr von ihnen: Lernen Sie die Top10 des Influencing kennen!

> Vervollständigen Sie Ihre Influencing-Tool-Box, damit Sie mehr Auswahl haben und vor allem vor/in jeder Situation fragen können: Welches Tool passt hier am besten? Wenn X nicht funktioniert hat, was habe ich noch im Köcher?

Merke:

> Ein Köcher mit zehn Pfeilen ist besser als einer mit dreien.

Influencing ist kein Lichtschalter: ein – aus. Influencing ist eher die Orgel im Kölner Dom: Je mehr Tasten Sie nacheinander drücken, desto eher wird Musik daraus. Deshalb:

> Nur Amateure sind enttäuscht, wenn ein Gegenüber nicht auf ein Influencing-Instrument „anspringt". Der Profi weiß: Ich muss immer zwei, drei oder vier Instrumente kombiniert einsetzen, um Wirkung zu erzielen.

Dass wir automatisch und unbewusst immer dieselben Hebel ziehen, hat noch einen entscheidenden Nachteil: Wenn es immer dieselben alten Hebel sind, sind sie weder auf die Situation noch auf Ihr aktuelles Gegenüber abgestimmt – das ist ein Misserfolgsrezept! Denken Sie an einen Grundsatz aus der Kommunikationspsychologie:

> Wenn du immer das tust, was du immer tust, kriegst du auch immer nur, was du immer gekriegt hast.

Dieses verbreitete Anti-Rezept bringt Sie nicht weiter. Wer bloß mit immer denselben drei Influencing Tools durchs Leben läuft, ist zu wenig flexibel für nachhaltigen Erfolg:

> Je besser Sie die Wahl Ihrer akuten Influencing Tools auf Situation, Stimmung (auch die eigene) und Lage Ihres Gegenübers abstimmen (können), desto einflussreicher werden Sie.

Für den Köcher Ihrer Influencing Tools gilt: Mehr hilft mehr. Lernen Sie im Folgenden die Top10 der Instrumente kennen. Viele davon kommen mit ihrer englischen Bezeichnung, weil Influencing im englischsprachigen Teil der Welt besonders gut erforscht und beliebt ist.

1. Berufen Sie sich auf höhere Instanzen!

Der Appeal to Authority wirkt am besten bei einem Gegenüber, das hierarchisch denkt und kein ausgesprochener Revoluzzer ist: „Der Chef hat gesagt, wir sollen ...", „Wir wissen beide, was der Vorstand jetzt sagen würde ...", „Ich denke, unser Auftraggeber würde jetzt sagen ...", „Der Lenkungsausschuss flippt doch aus, wenn er das hört!", „Sie wissen, wie technikverliebt unser Auftraggeber ist – der will bestimmt die State-of-the-Art-Lösung.", „Ich glaube nicht, dass unser Kunde das durchwinkt ..."

Der Bezug auf Autoritäten wirkt mächtig, weil die meisten Menschen sich nicht mit den herrschenden Mächten anlegen wollen – wenn der

Bezug halbwegs nachvollziehbar ist. Das heißt, wenn Ihr Gegenüber denkt: „So wie ich den … (Chef, Kunden, Lenkungsausschuss …) kenne, stimmt das!"

Als Autoritäten wirken selbstverständlich auch ex- oder interne Experten: „McKinsey sagt …", „In einer Studie von Roland Berger Strategic Partners steht …", „Die Leute von Assist International meinen …" Sie drohen aber ungern mit Autoritäten? Dann verwenden Sie dieses Tool nicht. Influencing sagt:

> Wählen Sie jene drei bis fünf Tools, die am besten zu Ihnen, Ihrem Gegenüber und der Situation passen.

2. Tun Sie sich mit anderen zusammen!

Das sogenannte Allying kennen wir alle aus der Werbung: „Katzen würden Whiskas kaufen." Also nicht bloß meine Katze, sondern alle Katzen der Welt – das wirkt stärker: Mehr hilft mehr. Deshalb sagt der Projektleiter nicht: „Ich brauche die neue PM-Software für dieses Projekt!" Er sagt: „Das Projektteam plus die Abteilungen IT, F&E und Produktion würden lieber mit der neuen Software planen." Das wirkt stärker.

Ihr Auftraggeber würde hinter Allying aber sofort eine Palastrevolte vermuten, weil er ein paranoider Choleriker ist? Weil er toben würde: „Was rottet ihr euch hinter meinem Rücken zusammen?" Dann passt Allying ganz offensichtlich nicht zu Ihrem Auftraggeber; also setzen Sie es nicht ein. Wählen Sie Ihre Tools weise. Nicht jedes Tool passt auf jede Situation. Die richtige Wahl zu treffen ist schon die halbe Kunst des Influencing.

3. Betonen Sie die Beziehung!

Auf Neuhochdeutsch: Socializing. „Wie lange kennen wir uns schon?", „Das ist jetzt das dritte Projekt, das wir zusammen machen, richtig?", „Mensch, dass wir mal wieder in einem Projekt zusammenkommen, finde ich klasse. Was lief denn so bei Ihnen in der Zwischenzeit?", „Das kriegen wir hin – wir sitzen doch schließlich alle im selben Boot!"

Betonen Sie Ihre gemeinsame Beziehung, die langjährige Geschichte, die Historie, die gegenseitige Verbundenheit, die gemeinsame Vergangenheit: „Was wir alles schon erlebt haben!" Vor dem kritischen Gespräch mit dem Kunden sagt der Projektleiter: „Ich habe auf der Fahrt vorhin im Auto überlegt: Die letzten Monate im Projekt waren für uns beide ganz schön intensiv." Ist dieses Manöver nicht zu offensichtlich?

Doch. So offensichtlich wie ein Gastgeschenk. Wir alle wissen, dass das Geschenk uns milde stimmen soll – und trotzdem nehmen wir es und lassen uns milde stimmen. Genau das ist doch das Geniale am Influencing: Die Instrumente sind alle einfach, aber einfach genial. Man sollte sie lediglich kennen und anwenden können (und wollen!).

4. Begründen Sie!

Der Hunger in der dritten Welt nimmt zu, weil Spekulanten den Preis für Weizen in die Höhe treiben. Leider stimmt das nicht wirklich: Die Dürren und Ernteausfälle der letzten Jahre hatten viel größeren Einfluss auf den Preis. Aber die meisten Leute glauben an die Schuld der Spekulanten. Warum? Wegen dem „weil".

„Es gibt drei gute Gründe …", „Das ist die beste Lösung, weil …" Egal, welche halbgare Begründung danach folgt, sie wirkt bereits, weil sie als Begründung angekündigt wurde. Das ist die Gestaltwahrnehmung des Menschen: Er nimmt die Begründung wahr – nicht deren Inhalt. Und wenn Sie gleich drei Begründungen mitliefern, verdreifacht sich Ihr Einfluss. Plus: Kombinieren Sie das sogenannte Logical Reasoning mit anderen Instrumenten, das steigert Ihren Einfluss noch weiter; zum Beispiel: „Das ist die schnellste Lösung, weil wir da keine unnötige Zeit verlieren. Sagt übrigens auch der Lenkungsausschuss – ihr wisst doch, wie er immer aufs Tempo drückt!"

Eine besonders wirksame und intellektuell anspruchsvolle Art der Begründung ist der Bezug auf ewig gültige, überragende, allgemein akzeptierte Werte wie Gerechtigkeit, Fairness, sozialer Frieden, Fortschritt, Wohlstand, Wachstum, Sicherheit, Gesundheit, Menschlichkeit, Effizienz, Harmonie … welche letztgültigen Werte fallen Ihnen noch ein? Bauen Sie diese in Ihre Argumentation ein, zum Beispiel: „Es ist einfach ungerecht, dass unser Controller ständig die Vorkalkulation korrigieren muss und die Marketingleute immer noch mit dem alten Budget rechnen dürfen!" Danach bewegen die Marketingleute eher ihren Hintern in die richtige Richtung als wenn man ihnen zum hundertsten Mal predigt: „Legen Sie bitte endlich Ihr aktualisiertes Budget vor!"

5. Stellen Sie Ja-Fragen!

Ein Nein bedeutet immer Machtverlust. Fünf Neins am Stück und Ihr Gegenüber entgleitet Ihnen. Also sorgen Sie dafür, dass Sie viele Jas bekommen. Telefonverkäufer machen das manchmal falsch: „Haben Sie gerade Zeit?" Nein, natürlich nicht, dämliche Frage! „Würden Sie sagen, dass Ihre Kreditkarte Ihnen das Bezahlen erleichtert?" Darauf werden neun von zehn Gefragten mit Ja antworten – sonst hätten sie keine Kreditkarte.

Stellen Sie Fragen, auf die Sie mit Zustimmung oder Mitwirkung rechnen können. „Finden Sie auch, dass …?" Natürlich dürfen die Fragen nicht an den Haaren herbeigezogen sein. Es sollten Fragen zum Thema sein oder zu den Themen außerhalb des eigentlichen Sachthemas, die Ihr Gegenüber interessieren: „Finden Sie nicht auch, dass die Bayern wieder super in die Saison gestartet sind?" Wem man bei unverfänglichen Fragen zustimmt, dem stimmt man auch eher bei umstrittenen Fragen zu. Ist logisch, wird aber selten praktiziert. Warum? Weil die meisten Menschen zielsicher mit dem Gegenteil anfangen: Sie fallen mit der Tür ins Haus und beginnen sofort mit den strittigen Gesprächspunkten: „Warum sind Sie gegen eine externe Konstruktion unseres Getriebes?" Warum machen gebildete Menschen so etwas Dummes? Weil sie „logisch" denken, zielgerichtet vorgehen, effizient kommunizieren. Wenigstens denken sie das.

Eine Erweiterung der Ja-Frage ist die intentionale Frage. Viele Führungskräfte zum Beispiel versuchen krampfhaft, zu „überzeugen" und zu „motivieren". Womit? Mit überzeugenden Argumenten: „Machen Sie das so wie ich das gesagt habe, das ist die beste Vorgehensweise." Wie wir alle leider wissen: Das überzeugt inzwischen kaum mehr jemanden – das überredet günstigstenfalls. Viel stärker als abgegriffene Überredungsversuche wirken intentionale Fragen, zum Beispiel: „Welche bessere Vorgehensweise kennen Sie? Und weshalb ist sie aus Ihrer Sicht besser?" Nach so einer Frage „überzeugt" sich der Gefragte dann praktisch selber – oder man steigt in eine produktive Lösungsdiskussion ein, die beide weiterbringt.

6. Werten Sie auf!

Am sogenannten Valuing wird das ganze Transfer-Problem des Influencing deutlich: Dass man Anerkennung geben soll, predigt man uns schon seit dem Kindergarten. Aber wir tun es nicht. Deshalb wirkt Aufwertung so gut: Aufwertung ist etwas, was der moderne Mensch nur noch selten bekommt. Er arbeitet sich den ganzen Tag in Betrieb und für die Familie den Buckel krumm – und kriegt nicht nur keine Anerkennung dafür, sondern meist sogar noch eine oben drauf. Wie oft wird Ihnen denn im Schnitt während eines normalen Tages vermittelt: „Sie sind uns wichtig!"? Deshalb funktioniert Anerkennung. Sie wird vom Anerkannten als fairer Tausch empfunden: „Ich tu was – dafür bekomme ich auch was. Nämlich Anerkennung." Im Übrigen: Es fühlt sich einfach gut an, Wertschätzung zu bekommen.

Martin vergisst das schlicht, als er bei Torbjörn in Stockholm anruft und meint: „Sie müssen für mich einspringen! Unser Investor will die neue Hydraulik vor Ort präsentiert bekommen – und ich komme so kurzfristig nicht aus unserem Entwicklungszentrum weg!" Worauf Torbjörn trocken antwortet: „Müssen muss ich gar nichts. Die Präsentation ist in drei Tagen! Meinen Sie, ich hätte nichts anderes zu tun? Ich habe schließlich auch meine langfristigen Termine, die ich nicht einfach umwerfen kann, wenn ihr in München mal wieder die Krise ausruft!" Die totale Abfuhr. Glücklicherweise erinnert sich Martin an den Crash-Kurs in Influencing, den sämtliche Projektleiter seines Unternehmens auf Anraten eines cleveren Personalentwicklers letzten Sommer besuchen mussten.

Deshalb schiebt er jetzt Valuing hinterher. Er gibt das, was man immer geben sollte, wenn man etwas von anderen möchte: Anerkennung. Er sagt: „Sie haben ja Recht. Sie müssen gar nichts. Ich weiß, dass Sie wahnsinnig viel zu tun haben (!). Aber wenn Sie für mich einspringen, retten Sie mir das Leben (!). Der Vorstand betont doch immer, wie wichtig dieser Investor für unser Unternehmen ist (Appeal to Authority). Sie würden mir wirklich den Hals retten!" Das ist alles ein wenig übertrieben. Aber bei Anerkennung soll, darf und muss man moderat übertreiben und zehn bis 50 Prozent draufschlagen. Bauchpinseln sagte man früher: Es wirkt. Torbjörn grummelt zwar noch zwei Minuten rum, doch dann springt er ein. Einfluss erfolgreich geltend gemacht.

Werten Sie den Gesprächspartner auf. Übertreiben Sie den Wert seiner Dienste für Sie moderat bis kräftig. Das klingt einfach, aber gerade weil wir das im Alltag und eben nicht mal in unseren Familien praktizieren, sind die meisten von uns total ungeübt darin. Sie wissen, wie Sie das ändern können: Praktizieren Sie Valuing öfter in unverfänglichen Situationen. Warum tun das die meisten intelligenten, gebildeten Menschen nicht? Weil in weiten Teilen der westlichen Welt gilt: Anerkennung ist Schwäche. Wer andern schöntut, ist ein Weichei. Das ist zwar der galoppierende Aberglaube. Das Gegenteil ist der Fall. Aber es gibt ja so viele abergläubische Menschen im Management …

7. Begeistern Sie!

„Wir haben hier ein richtig tolles Team, wir bewegen was, wir verändern die Welt unserer Kunden, wir haben die nötige Management Attention von ganz, wir sind voll im Fokus des Vorstandes, sozusagen, wir leisten einen unschätzbaren Beitrag zum Erfolg unseres Unternehmens – die Frage ist: Hätten Sie Lust, in unserem Projektteam mitzumachen?"

Wer hätte das nicht, nach so einer begeisternden Ansprache? Und auch fürs Inspiring gilt: Leuchtet uns unmittelbar ein, aber können die meisten nicht. Denn im westlichen Arbeits- und Familienalltag gilt: Wer begeistert, hat ein Rad ab. Wer nicht 24 Stunden am Tag jammert wie ein biblischer Sünder, dem geht es wohl zu gut. Also haben wir Hemmungen, andere Menschen zu begeistern. Hemmungen und viel zu wenig Übung. Was gut ist. Denn stellen Sie sich vor, wie viel und wie einfach Sie Erfolg haben, wenn Sie schon mit sehr wenig Übung sehr viel besser und schneller begeistern können als die griesgrämigen Pessimisten in Ihrem Umfeld! Sandra zum Beispiel kann das.

Sie sagt nach vier Stunden Diskussion: „Also ich glaube, wir können die Diskussion an dieser Stelle beenden. Wir haben unsere Lösung." Das scheinen die meisten noch nicht mal gehört zu haben. Also schaltet sie um auf Inspiring und sagt: „Das ist überhaupt die beste Lösung, die ich mir vorstellen kann. Vier Stunden harte Diskussion stecken da drin. Die Lösung wird den Kunden begeistern. Das ist genau das, was er sich immer gewünscht hat. Der gibt uns glatt'nen Kasten Weizen dafür aus, wenn er das sieht." Die Diskussion erstirbt. Alle schauen sie an als wollten sie fragen: Meinst du? So gut ist das?

Wie geht begeistern? Das ist die häufigste Frage, die ich von Menschen gestellt bekomme, denen man im Arbeitsalltag längst jede Begeisterung(sfähigkeit) abtrainiert hat. Antwort: Sehen Sie die Dinge aus der Sicht Ihres Gegenübers. Fragen Sie sich nicht: Womit kann ich ihn/sie begeistern? Fragen Sie sich lieber: Was begeistert ihn/sie denn? Was ist ihm/ihr wichtig? Was treibt ihn/sie aus dem Häuschen? Trainieren Sie das ruhig mal in der Familie – und wundern Sie sich nicht, wenn Sie Ihre Familienmitglieder dabei ganz neu kennenlernen …

8. Leben Sie das vor!

Wenn der Projektleiter seine eigenen Arbeitspakete nie pünktlich abliefert, werden das auch seine Teammitglieder selten tun. Warum? Weil der Projektleiter Vorbild ist – ob er will oder nicht. Da er das sowieso ist, kann er das sogenannte Role Modelling auch gleich bewusst einsetzen: Leben Sie das vor, was Sie von anderen gerne gelebt sehen möchten!

Klar, logisch: Das widerspricht der menschlichen Neigung, von anderen Menschen das zu verlangen, was man selbst nicht zu leisten willens oder im Stande ist. Im Englischen sagt man dazu auch treffend: Do as I say, don't do as I do! Handle nach meinen Worten und nicht nach meinen Taten. Natürlich: Worte sind wichtig. Wenn ich möchte, dass Arbeitspakete pünktlich abgeliefert werden, muss ich das immer und immer wieder sagen. Aber das reicht meist nicht. Es hilft ungemein, wenn ich

Pünktlichkeit vorlebe. Wenn der Projektleiter auf einen „pünktlichen Beginn aller Telkos" besteht und bei jeder zweiten Telko selber erst fünf Minuten zu spät sich einwählt – wir können uns ausmalen, wohin das führt.

9. Bieten Sie einen Tausch an!

Manus manum lavat. Eine Hand wäscht die andere. Da das sowieso so ist, können Sie das auch ganz bewusst einsetzen und dann flott Exchanging nennen. Das kannten schon die alten Lateiner: Do ut des! Gib, damit dir gegeben wird. Umgangssprachlich: „Tu mir den Gefallen, dann hast du was gut bei mir!" Das ist der sogenannte kleine Dienstweg, auch Networking genannt. Alles, was die offizielle Organisation wegen Entscheidungsarthrose nicht schafft, schafft ein mit Gefälligkeiten gut geöltes Netzwerk von sich gegenseitig verpflichteten KollegInnen. Das funktioniert gut in der Praxis. Neulich hörte ich zufällig einen Dialog zwischen Projektleiter und Projektmitglied mit. Irgendwann sagte der Projektleiter: „Ja, klar, ich kann dir nichts anweisen, ich bin nicht dein Vorgesetzter. Aber wenn du diese Sache für mich erledigst, dann sorge ich dafür, dass der Lenkungsausschuss genau weiß, wer uns hier aus der Bredouille geholfen hat." Sie haben Recht: Das ist fast schon eine Kombination, ein Doppelwopper aus Tauschangebot und (s. o., 6.) Aufwertung.

10. Sagen Sie, was Sie wollen!

Die meisten Menschen eiern rum, wenn sie etwas wollen. Sie reden um den heißen Brei herum, sprechen durch die Blume und hoffen, dass ihr Gegenüber von alleine drauf kommt, was sie von ihm wollen. Das ist ein Misserfolgsrezept.

Jule zum Beispiel sagte in der letzte Telko: „Das sollte man auch dringend mal anpacken." Wird es das? Ach was. Zwei Wochen nach der Telko besteht der Missstand noch immer. Ihr Mentor tritt Jule sanft auf den Zeh: „Sie müssen den Leuten schon höflich aber glasklar sagen, was Sie von ihnen erwarten!" In einem Wort: Declaring. Ansage machen. Also sagt sie in der nächsten Telko: „Ich hätte gerne, dass das unsere Konstrukteure bis morgen erledigen." Die drei Konstrukteure im Team toben: „Unmöglich! Das schaffen wir höchstens bis übermorgen!" Jule kann sich ein Grinsen nicht verkneifen.

Warum fällt Menschen es so schwer, klar zu sagen, was sie wollen? Weil sie prinzipiell direkt mit klar und mit höflich verwechseln. „So geht das nicht!" ist unzweifelhaft direkt – aber es ist nicht klar: Wieso geht das so nicht? Und wie sollte es sonst gehen? Insbesondere die Deutschen sind bekannt dafür, dass sie sehr direkt sind – und dann meinen, „jetzt ist alles klar". Ist es nicht. Wer sagen möchte, was haben will, sollte das höflich und klar sagen – nicht direkt.

Holzwege der Hausapotheke

Alle eben kurz skizzierten Influencing Tools sind einfach und genial. Vor allem, wenn wir sie mit dem vergleichen, was wir sonst unbewusst und spontan einsetzen, um unsere Interessen durchzusetzen, zum Beispiel moralische Erpressung: „Bitte tun Sie mir den Gefallen, sonst reißt mir der Kunde den Kopf ab!" Man tut dem Bittsteller vielleicht den Gefallen – aber mit beiderseitig miesem Gefühl. Denn man weiß: Man wurde/hat eben emotional erpresst. Das hinterlässt immer einen üblen Nachgeschmack und belastet die Beziehung. In virtuellen Teams, in denen die Beziehungspflege wegen Isolation und Entfernung ohnehin schwierig genug ist, sollte man solche Rezept mit Nebenwirkung lieber nicht einlösen.

Dasselbe gilt für Druck machen und Konsequenzen androhen: „Wenn wir das nicht bis Anfang nächster Woche vorlegen, macht uns der Auftraggeber die Hölle heiß!" Solche Drohungen sind zwar üblich, doch sie nutzen sich rasend schnell ab, (zer)stören den Teamgeist und sind vor allem deshalb völlig unnötig, weil Sie eben ein Dutzend Alternativen kennengelernt haben, deren herausragendes Konstruktionsmerkmal ist: Sie haben keine negativen Auswirkungen auf die Beziehung. Im Gegenteil! Sie machen Ihren Einfluss geltend *und* verbessern gleichzeitig das Teamklima. Druck dagegen ist eben kein Hebel, auch wenn viele Manager das denken. Druck erzeugt Gegendruck. Bezeichnenderweise machen vor allem Manager mit Macht gerne Druck. Ihre Macht verhindert, dass sie die Nebenwirkungen von Druck erkennen: Macht ist ein Lernkiller. Deshalb stürzen Despoten früher oder später: Sie lernen nicht mehr schnell genug hinzu.

Zweifellos am beliebtesten unter ungeschulten Zeitgenossen sind die Pseudo-Hebel Quängeln, Rumzicken, beleidigte Leberwurst spielen und Jammern. Was in Westeuropa gejammert wird! „Das schaffen wir doch nie! Der Termin ist viel zu knapp und das Budget reicht einfach nicht!" Das mag ja alles stimmen, doch was soll Rumjammern daran ändern? Lassen Sie sich kein J für ein I vormachen!

> **Seien Sie kein Jammerer! Seien Sie Influencer!**

Die Wahl der Waffen

Sie haben nun die Top10 der Influencing Tools kennengelernt. Wann setzen Sie welches Instrument ein? Das hängt davon ab. Von drei Fragen:

1) Passt dieses Tool zu Ihnen?
2) Passt es zum Thema, der Situation?

3) Passt es zu Ihrem Ansprechpartner?

Was passt zu Ihnen? Wenn Sie ein relativ nüchterner bis zurückhaltender Mensch sind, sollten Sie sich am Anfang vielleicht nicht an Inspiring (s. o., 7.) versuchen – es sei denn, das reizt Sie. Dann passt es ja auch wieder. Was passt noch zu Ihnen? Schauen Sie sich an, was Ihre meist unbewussten drei Lieblingsinstrumente sind – und suchen Sie sich passende Ergänzungen dazu. Sie können auch überlegen: Welche möchte ich ausprobieren? Und wie kann ich diese neuen Instrumente authentisch anwenden? Sie sollten ein gutes, authentisches Gefühl haben bei seiner Anwendung.

Außerdem sollte das Instrument zum Thema und der Situation passen. Gerade im Teamkontext bietet sich das Socializing (s. 3.) an: „Wie lange arbeiten wir beide jetzt schon für das Unternehmen? Da wissen wir doch, wie der Hase läuft …"

Und natürlich muss jedes Instrument zum Gegenüber passen. Voraussetzung dafür ist die Grundvoraussetzung jeder Kommunikation, die Politiker, Vorgesetzte mit formaler Macht, Journalisten, Beziehungspartner, Schwiegermütter und Despoten permanent verletzen: Man sollte sein Gegenüber gut genug kennen, um zu wissen, was zu ihm passt und was nicht. Das ist die eigentlich einleuchtende Voraussetzung jeder erfolgreichen Einflussnahme, die jedoch erstaunlich vielen Menschen nicht ganz klar zu sein scheint. Einem Universitätsprofessor zum Beispiel mit Hinweisen auf Forschungsergebnisse fremder Lehrstühle zu kommen (s. 1., Appeal to Authority), geht ganz sicher nach hinten los, weil kein Professor andere Autoritäten neben sich duldet. Mit Role Modelling (s. 8.) werden Sie ebenfalls nicht weit kommen: Er akzeptiert Sie schlicht nicht als Vorbild. Sie können eher landen, wenn Sie das Tool umdrehen und ihn in die Vorbildrolle locken wollen, zum Beispiel: „Wenn Sie als renommierter Professor sich für die Verhaltensökonomie aussprechen, dann schwenkt unser Vorstand sicher schneller darauf ein!"

Wann funktioniert welches Tool am besten? Das wissen Sie am besten. Seien Sie Ihr eigener Guru! Ein Guru mit Trackliste: Notieren Sie stichpunktartig auf, wann und bei wem welches Tool gut funktioniert hat und wann bei wem nicht. Damit kriegen Sie am besten und schnellsten Ihre persönliche Hitliste heraus. Vor allem erkennen Sie recht schnell: Zu welchen Instrumenten tendiere ich automatisch und unbewusst? Welche dagegen „vergesse" ich noch zu oft? Welche sollte ich öfter einsetzen?

In aller Kürze: Beeinflussen Sie!

- Sie haben im Projekt keine formale Macht. Sie brauchen keine Macht.
- Es gibt weitaus Besseres! Zum Beispiel Influencing.
- Spielen Sie auf seinen 12 Tools wie ein Klavier-Virtuose.

   1. Berufen Sie sich auf Autoritäten!
   2. Tun Sie sich mit anderen zusammen!
   3. Betonen Sie die Beziehung!
   4. Begründen Sie, was Sie sagen!
   5. Stellen Sie Fragen, die Zustimmung oder Mitwirkung aktivieren!
   6. Geben Sie Anerkennung!
   7. Begeistern Sie!
   8. Leben Sie vor, was Sie erwarten!
   9. Bieten Sie Gefallen gegen Gefallen an!
   10. Sagen Sie höflich aber klar, was Sie haben möchten!

„Wie sehr Vertrauen die Produktivität pusht, hab ich leider erst dann erkannt, als es futsch war."

Sieglinde T., Teamleader

7 Der Team-Turbo: Vertrauen

Die Misstrauens-Misere

Was würde Ihr Team bedeutend schneller machen? Leistungsfähiger? Effizienter? Bräuchten Sie dafür mehr Budget? Größere Experten? Nein. Darauf tippen zwar die meisten. Doch nur die wenigsten kommen darauf, was der wirkliche Team-Turbo ist. Auch Steffi nicht.

Während wir uns unterhalten, bimmelt ihre Mailbox: Mail von Pablo aus Madrid. Steffi sieht den Absender, dreht sich zu ihrer Bürokollegin um und fragt mit hochgezogenen Augenbrauen rhetorisch: „Er nun wieder. Was will der Spanier denn dieses Mal?" Steffi hat noch keine Zeile der Mail gelesen, da schaltet sich schon ihre spontane Team-Reaktion ein: Misstrauen. Und nicht nur bei ihr. In gut drei Vierteln ihres Teams ist der Mistrust Level, das Niveau des Misstrauens, hoch. Das kennen wir alle. Diese prononcierte Vorsicht gegenüber den lieben TeamkollegInnen praktizieren wir alle hin und wieder. Ist das nicht normal? Schon die Frage ist bedenklich.

> Viele Menschen nehmen unterschwellig das Misstrauen in Teams (Familien, Parteien, Vereinen, Nationen) zwar wahr.

> Sie halten das aber für „normal" (als ob Nasenbluten normal wäre). Sie erkennen es nicht als Risikofaktor, Friktionsursache, Bremselement, Team-, Projekt- und Effizienzkiller.

Können oder wollen sie das nicht? Es liegt eher am Können, genauer: an der Konditionierung. Manager beispielsweise werden ihr Leben lang auf ZDF getrimmt. Zahlen, Daten, Fakten. Es zählt, was unterm Strich rauskommt. Darauf achten sie – was gut ist. Einerseits. Denn andererseits bedeutet diese ZDF-Fokussierung: Alles andere fällt aus dem Fokus. Viele Führungskräfte sind de facto blind für das Misstrauen in ihren Teams. Sie nehmen es schlicht nicht (mehr) wahr oder bagatellisieren es. Das hat fatale Folgen – in beide Richtungen.

In der Praxis treffe ich Woche für Woche auf Teamleader, die rein fachlich und projektmanagement-technisch betrachtet geradezu unglaubliche Fehler begehen – aber ihr Team liefert exzellente Ergebnisse. Weil die Vertrauenskultur im Team das alles ausbügelt. Die Teammitglieder sagen und denken: „Ach, unser Teamleiter, das passiert schon mal, das bügeln wir für ihn aus, das ist ein Geben und Nehmen." Auf der anderen Seite begegne ich Teammanagern, die fachlich fast perfekt sind und ihre Projekt am grünen Tisch voll im Griff haben, aber trotzdem irgendwie immer hinter den Terminen und Vorgaben herhinken, da ihre Teammitglieder oft gegen- statt miteinander arbeiten. Weil sie sich gegenseitig misstrauen.

> **Vertrauen ist die Basis des Teamerfolgs.**

Allein dieser simple Satz geht vielen schon über die Hutschnur. Von ihnen höre ich oft: „Vertrauen ist doch total abstrakt! Was heißt das schon?" Das ist eine gute Frage. Stellen Sie sich diese Frage doch mal.

Nein: Lassen Sie mich Ihnen diese Frage stellen. In etwas zugespitzter Form.

Wem vertrauen Sie?

Vertrauen – ist das wichtig? Klar, wenn man sich vertraut, läuft es besser. Aber wenn nicht – was ist schon verloren? Immerhin arbeiten wir alle nach Anweisung. Vertrauen ist da nicht so wichtig. So denken die meisten Menschen. Bis sie sich die folgenden Fragen stellen:

> Vertrauen Sie Ihrem Beziehungspartner? Ihren Eltern? Ihrem Arzt? Ihrem Coach? Wenn nein, wie wirkt sich das aus? Welchen Menschen in Ihrem Leben und der Welt vertrauen Sie wirklich? Hat dieses Vertrauen Bedeutung für Sie? Schwache, mittelprächtige oder große Bedeutung? Wie wirkt sich dieses Vertrauen auf Interaktion, Kommunikation und Transaktionen mit den Betreffenden aus? Wie würde es sich auswirken, wenn dieses Vertrauen plötzlich in Misstrauen umschlagen würde? Behandeln Sie Menschen, denen Sie misstrauen, anders als Menschen, denen Sie vertrauen?

Aha-Effekte? Dann noch eine Frage zur Vertiefung:

> Arbeiten Sie gerne mit Menschen zusammen, denen Sie nicht vertrauen?

In 9 von 10 Fällen lautet die Antwort: „Nein, gerne nicht!" In 4 von 10 Fällen ist die Einsicht in die Bedeutung von Vertrauen schon so tief, dass der oder die Angesprochene antwortet: „Nicht nur ungern, sondern auch deutlich weniger effektiv." Das ist ein ehernes Gesetz der Virtual Leadership:

> Teams mit Misstrauenskultur liefern schlechtere Ergebnisse ab.

Was logisch ist: Misstrauen ist Friktion, ist Bremsfaktor, Effizienzvernichter.

> Misstrauen ist ein Soft Factor mit knüppelharten Folgen.

Soft Factor, Hard Facts

Wer keinen Blick dafür hat, dem entgehen die Folgen des Misstrauens oft. Britta hat einen Blick dafür.

Sie erzählt: „Wir sind an den Schnittstellen der Arbeitspakete dreimal so schnell wie andere Teams." Wie das? Britta erklärt: „Bei der Übergabe vieler Arbeitspakete gibt es Klärungsbedarf. In misstrauischen Teams haut der Übernehmende dann erst mal die Bremse rein und lässt das Arbeitspaket liegen, quasi nach dem Motto: ‚Bevor das nicht restlos geklärt ist, rühre ich keinen Finger!'" Daran schließen sich endlose Diskussionen der Marke an: „So war das aber nicht vereinbart! So übernehme ich das Arbeitspaket nicht! Das muss erst nachgebessert werden!"

> Welche Symptome für Misstrauen entdecken Sie in Ihrem Team? Keine? Das kann nicht sein. Es gibt immer welche. Die Frage ist lediglich: Haben Sie den Riecher dafür? Und sind die Symptome lapidar, grenzwertig, virulent oder gar letal?

Brittas Team zeigt nur wenige Misstrauenssymptome. Da laufen die Dialoge bei der Übergabe von Arbeitspaketen eher so ab:

„Mike, heute ist Übergabe, aber wirklich fertig ist mein Paket noch nicht und wir haben auch die Spezifikationen stillschweigend abändern müssen, weil das einfach nicht so lief wie gedacht. Tut mir leid. Was machen wir jetzt?" – „Ach, Beatrice. Ist halb so wild, wir legen schon mal los und du erklärst mir die Änderungen dann nebenher." Die Übergabe der Arbeitspakete erfolgt praktisch friktionsfrei. Während andere Teams noch diskutieren, arbeitet Brittas Team bereits weiter. Deshalb ist das Team so schnell. Weil die Übergabe kulant abgeht. Kulanz gewährt man aber nur, wem man vertraut. Warum vertrauen sich Mike und Beatrice? Anders gefragt: Wie hat es Britta geschafft, dass sich Mike und Beatrice vertrauen? Wie schafft ein Teamleader das nötige und turbobeschleunigende Vertrauen im Team?

Vertrauensbildung

„Wenn Vertrauen so wichtig ist, warum vertrauen sich Teammitglieder dann nicht einfach?", werde ich manchmal gefragt, oft aus Reihen des Lenkungsausschusses. Was für eine Frage! Eheleute vertrauen sich ja auch nicht bloß deshalb, weil der Standesbeamte/Pfarrer sagt: „Sie dürfen die Braut jetzt küssen!" Warum eigentlich nicht? Die Antwort liegt auf der Hand:

> Vertrauen kann man nicht erwarten, voraussetzen, anordnen oder einfordern, sondern nur aufbauen und pflegen.

Wie? Besser: Wobei? Sie kennen die Antwort inzwischen:

> Der Kick-off ist die erste und bedeutendste vertrauensbildende Maßnahme.

Okay, das wissen wir inzwischen alle: Der Kick-off ist die Antwort auf (fast) alle Fragen der Virtual Leadership. Aber warum? Warum gehen die Teammitglieder – überspitzt formuliert – vorn zum Kick-off mit Misstrauen rein und kommen hinten mit Vertrauen raus? Was passiert beim Kick-off?

Na, eben das: Vertrauensbildung. Wie? Das ist wirklich eine gute Frage. Kennen Sie die Antwort? Kommen Sie! Die Management-Gurus predigen uns doch schon seit Moses' Zeiten wie wichtig Vertrauen sei. Wir sind Führungskräfte. Also müss(t)en wir doch längst wissen, wie man dieses wichtige Vertrauen bildet. Also: Was tippen Sie?

Machen Sie sich keine Vorwürfe: Die wenigsten kommen drauf. Die Antwort besteht aus einem Wort: Gemeinsamkeiten.

> Verbindung schafft vertrauen. Je mehr Gemeinsamkeiten Menschen verbinden, desto stärker vertrauen sie sich.

Das ist billig, wohlfeil, trivial? Glauben Sie mir, diese Einwände höre ich ständig. Das ist auch der Grund, warum in der Wirtschaft so viel Misstrauen grassiert: Der moderne Mensch hat längst verlernt, was für den Neander noch selbstverständlich war: Trau nur Menschen, mit denen dich viele Gemeinsamkeiten verbinden!

Genau aus diesem Grund gibt es auf funktionierenden Kick-offs doch diese von vielen Teilnehmern als „dämlich" empfundenen Vorstellungsrunden: Natürlich ist es für die technischen, terminlichen und finan-ziellen Fragen des Projektes völlig schnurz, dass Horst in seiner Freizeit Freeclimber ist und Florence begeistert Line Dancing betreibt. Aber es ist *nicht* egal für das gegenseitige Vertrauen. Dafür sind diese beiden „irrelevanten" Informanten von höchster Relevanz. Denn beide erkennen in der Vorstellungsrunde: „Hey! Die/der ist ja genauso sportlich wie ich!" Und schon baut sich Vertrauen auf. Klar ist das total trivial! Aber so trivial ist der Mensch nun mal eben gestrickt – ich habe nichts damit zu tun.

Es ist doch gerade die Tragödie des 21. Jahrhunderts, dass die herrschende BWL diese schicksalhafte Trivialität in grandioser Verblendung ignoriert! Das soll nicht länger Ihr Schaden sein. Gestalten Sie diese Kennenlernphase beim Kick-off (oder im ersten Meeting) deshalb mit Schwerpunkt auf die Entdeckung von Gemeinsamkeiten. Die Leitfrage ist dabei immer: Lass mich mal hören, was du so machst, damit ich hören kann, in welchen Punkten du genau so bist wie ich. Je mehr Punkte das sind, desto stärker wird das Vertrauen, desto eher wird der Teamkollege zum Freund und Vertrauenspartner. Das ahnen viele Teamleader und machen was?

Richtig, sie gehen abends Kegeln. Das ist gut gemeint, funktioniert aber nicht. Denn beim Kegeln kegelt man. Man kommt nur höchst nebensächlich und sehr eingeschränkt darauf, was die verbindenden Gemeinsamkeiten – über das Kegeln hinaus – sind. Das Entdecken dieser Gemeinsamkeiten hat Top Priority für den Teamerfolg. Es ist eben kein nice to have Social Event für den Abend, den man mal rasch zwischen Abendessen und Spätnachrichten einschieben kann. Und in so einer Kennenlernrunde beim Kick-off haben sich Beatrice und Mike kennengelernt und eine Handvoll Gemeinsamkeiten entdeckt. Deshalb vertrauen sie sich. Deshalb arbeiten sie doppelt so effizient und effektiv zusammen als Teammitglieder anderer Teams, die eben nur Teammitglieder sind.

Es ist schön, wenn Mike und Beatrice sich vertrauen. Doch Vertrauen hat nicht nur diese eine Dimension. Vertrauen ist mehrdimensional. In virtuellen Exzellenz-Teams

- haben Teammitglieder Vertrauen ins gemeinsame Ziel
- vertrauen sie ihrem Teamleader
- aber auch (in Maßen) dem Auftraggeber
- haben sie Vertrauen in den Informationsfluss im Team
- vertrauen sich Teammitglieder gegenseitig.

Wie kommen Sie nun zu diesem mehrdimensionalen Vertrauen? Ohne Kick-off? Mit einer Doppel-Strategie: Versuchen Sie weiter, die Kick-off-Bremser zu überzeugen und arbeiten Sie parallel dazu an der Vertrauensbildung ohne Kick-off. Wie? Wie gesagt: Vertrauen bildet sich über Gemeinsamkeiten. Diese können Sie zur Not auch ohne Kick-off entdecken – in den ganz normalen Meetings und Telkos. Niemand verbietet Ihnen eine Kennenlernrunde im ersten Meeting ... Und niemand verbietet Ihnen, die Katze zu füttern.

„Feed the Cat!"

Männern wird gerne unterstellt, dass sie nach der Heirat alle Bemühungen um die Partnerin einstellen, weil das „Ziel" ja mit der Heiratsurkunde erreicht ist, der „Erfolg" erzielt. Nicht nur Männer denken kompetitiv: „Ziel erreicht, Erfolg gefeiert, Vorhaben abgehakt – nächste Herausforderung!" Das funktioniert mit vielen Herausforderungen glänzend. Mit Beziehungen, Ehen, Familien, Kindern, Haustieren und Vertrauen funktioniert es definitiv nicht. Nicht nur das: Es wirkt kontraproduktiv.

> Vertrauen ist wie Fitness, Kondition, Ausdauer, Kraft, Selbstbewusstsein: Es will kontinuierlich gepflegt werden.

Man muss einfach täglich die Zähne putzen, das Geschirr waschen, die Katze füttern und eben auch das Vertrauen pflegen. Wie? Das ist weder komplex noch aufwändig:

> Geben Sie Teammitgliedern regelmäßige und unterschiedliche Gelegenheiten, informell die verbindenden Gemeinsamkeiten zu pflegen. Das stabilisiert und vertieft das gegenseitige Vertrauen.

Ermuntern Sie Ihre Teammitglieder zu diesem Austausch über die festgestellten Gemeinsamkeiten. Machen Sie also das Gegenteil dessen, was viele Linienvorgesetzte tun: „Was? Sie mailen sich gegenseitig Kochrezepte? Sind Sie wahnsinnig? Dafür bezahle ich Sie nicht!" Ein vertrauenssensibilisierter Teamleader sagte bei dieser Gelegenheit mal: „Was mailt der Ungar Ihnen? Das Rezept für Original Puszta-Gulasch? Her damit! Aber pronto! Ich ess für mein Leben gern scharf. Und fragen Sie ihn nach Rezepten zu original ungarischen Desserts!" Und schon steiget das Vertrauen in den Teamleader, denn: „Hey, der Kerl mag ja auch Ungarisch – wie wir!" So geht das in Exzellenz-Teams zu?

Das wundert nur jene, die noch nie etwas von Sepp Herbergers unsterblicher Paraphrase des Teamvertrauens gehört haben: „Elf Freunde müsst ihr sein!" Kollegen arbeiten schlecht und recht zusammen. Aber Freunde vertrauen sich, halten sich gegenseitig den Rücken frei, hauen sich wechselseitig raus und halten sich nicht mit den typischen Mistrust Games ineffizienter Teams auf: „Was will der nun schon wieder? Was könnte sie damit gemeint haben? Will er mir damit etwa schaden?"

Ich wiederhole:

> Pflegen Sie das Teamvertrauen, indem Sie genügend Gelegenheiten zum Entdecken und Pflegen von Gemeinsamkeiten geben.

Inzwischen haben viele Unternehmen Intra- oder Internet-Plattformen für ihre Teams eingerichtet. Da finden Teammitglieder alle Daten, Pläne, Tabellen, Arbeitstechniken, Formulare und Übersichten für ihr Projekt. In team-orientierten Unternehmen findet sich zur Abrundung dieser rein fachlich-sachlichen Inhalte immer auch ein Chat Room, in dem Teammitglieder sich persönlich übre ihre Gemeinsamkeiten austauschen können: Vertrauensbildung.

Überlassen Sie diese Vertrauensbildung nicht nur dem Internet und Ihren Teammitgliedern. Dafür haben Sie als Teamleader einen zu großen Einfluss auf das Vertrauen im Team. Nutzen Sie diesen Einfluss.

Der oberste Vertrauensbildner

Das Vertrauen im Team und in Sie ist umso größer

- je vorbehaltloser Sie Wortmeldungen Ihrer Teammitglieder würdigen. Also nicht: „Aber das hatten wir doch schon!" Sondern: „Gute Idee, kommt mir bekannt vor. Was meinen Sie?"
- je besser Sie, in anderen Worten, die Technik von Pacing&Leading beherrschen: Immer zuerst das vom Gegenüber Gesagte würdigen und dann erst Ihre eigene Meinung einbringen, am beziehungsfreundlichsten in Frageform.
- je konsequenter Sie gute Arbeit anerkennen. Also nicht: „Arbeitspaket fertig? Gut." Sondern: „Arbeitspaket zwei Tage zu spät? Ja,

okay, aber wie Sie den technischen Aspekt gelöst haben – Hut ab. Saubere Arbeit." Was meinen Sie, wie dem Angesprochenen dabei die Brust schwillt! Nichts bildet Vertrauen schneller als die Erkenntnis: „Der/die weiß, was ich leiste!"

- je konstruktiver Sie Probleme, Fehler und Rückschläge ansprechen. Also nicht: „Das klappt immer noch nicht? Kommen Sie in die Puschen!" Sondern: „Das hat auch nicht hingehauen? Was probieren Sie als nächstes? Aha. Finde ich toll, dass Sie so engagiert dranbleiben."
- je konsequenter Sie sich Pauschalvertrauen verkneifen. Also nicht: „Machen Sie mal. Sie haben mein vollstes Vertrauen!" Sondern immer spezifisch auf konkrete Vorhaben/Leistungen bezogen: „Ich habe auch keine Fertiglösung dafür. Wie wollen Sie es anpacken? Aha. Gute Idee. Machen Sie es so. Legen Sie los!"
- je offener und ehrlicher Sie kommunizieren. Also nicht: „Ich habe keine Ahnung, was der Lenkungsausschuss damit vorhat!" Sondern: „Ich vermute mal, die lassen unser Projekt in der Schublade verschwinden. Aber ich sage: Lieber liegen wir mit einer guten Arbeit in der Schublade als mit einer schlechten!"
- je verlässlicher Sie für die einzelnen Teammitglieder erreichbar sind (s. u. „Vertraue keinem, der nie da ist!").
- je mehr Gelegenheiten Sie zur Pflege von Gemeinsamkeiten geben und je stärker Sie sich dabei einbringen und zeigen: „In diesem Punkt haben wir eine Gemeinsamkeit! In diesem Punkt denke und empfinde ich wie ihr!"

Offene und ehrliche Kommunikation beim Projektmanagement (s. 6.)? Einige werden bei dieser Textzeile laut gelacht haben. Das Lachen ist gerechtfertigt. Vertrauen ist so ein hohes Gut, dass die Voraussetzungen für Vertrauensbildung ebenso hoch sind: Ehrlichkeit (6.), positive Feedback-Fähigkeit (3.), eine konstruktive Fehlerkultur (4.), hohe Disziplin bei der Terminplanung (7.). Hand aufs Herz: Kennen Sie viele Linienvorgesetzte, die diese Voraussetzungen erfüllen? Ich auch nicht. Daraus ergeben sich interessante Schlussfolgerungen:

- Linienvorgesetzte führen mit Macht und Disziplinargewalt – exzellente Teamleader mit Vertrauen.
- Wegen dieser Vertrauenswürdigkeit sind gute Teamleader die besseren Führungskräfte.
- Virtuelle Teamleader müssen höhere Anforderungen erfüllen als Linienmanager und normale Teamleader. Das ist eine Auszeichnung!
- Platt formuliert: Der Virtual Leader ist die bessere Führungskraft.
- Schön wäre, wenn sich diese Erkenntnis auch bis zur Personalentwicklung und ins Management Development herumsprechen würde: Ein Manager ist erst dann voll entwickelt, wenn er virtuell führen kann. Denn:
- Wenn Sie ein virtuelles Team führen können, können Sie alles führen.
- Virtual Leadership ist die Kaderschmiede der Manager.
- Virtual Leadership ist Leadership-Judo mit schwarzem Gürtel.

Wenn Sie die obigen sieben Tipps umsetzen, sind Sie automatisch die bessere Führungskraft. Und erfolgreicher. Und beliebter. Und vertrauenswürdiger. Das hat doch was, oder? Dafür lohnt es sich doch. Wobei wir einen dieser Tipps etwas vertiefen sollten: Erreichbarkeit.

Vertrau keinem, der nie da ist!

Manche glauben, man müsse so tugendhaft wie Gandhi, so wahrhaft wie der Dalai Lama oder so ehrlich wie Abraham „Honest Abe" Lincoln sein, damit einem die Menschen/Teammitglieder vertrauen. Natürlich: Ehrlichkeit hilft. Aber Sie müssen kein Friedensnobelpreisträger sein, um das Vertrauen Ihres Teams zu gewinnen:

> Kontextfaktoren sind stärker als Verhaltenskomponenten.

Am besten sehen wir das bei Diäten. Ernährungsforscher haben herausgefunden, dass nicht die Willensstärksten (Verhalten!) am stärksten, leichtesten und schnellsten abnehmen, sondern jene Menschen mit den kleineren Tellern (Kontext). Um eine Diät (Verhalten) einzuhalten, braucht man keinen eisernen Willen, da dieser spätestens nach vier Wochen zu bröckeln beginnt. Kleinere Teller führen dagegen evidenzbasiert automatisch zu kleineren Portionen und weniger Nahrungsaufnahme – wofür nur ein Bruchteil des Willens nötig ist (neue Teller kaufen). Ergo:

> Sie wollen Vertrauen im Team? Gestalten Sie den Kontext!

Nehmen wir an, Sie verursachen mit Ihrem Wagen einen Blechschaden, dann wirft Ihr Junge eine Glasscheibe vom Gewächshaus Ihres Nachbarn ein – und in beiden Fällen ist Ihr Versicherungsagent auch nach mehrmaligen Versuchen telefonisch nicht erreichbar. Wie sehr vertrauen Sie dieser Versicherung? Gar nicht: „Die sind nicht verlässlich!" Was nicht stimmt: Die sind lediglich nicht erreichbar. Aber der Mensch setzt oft automatisch Erreichbarkeit mit Vertrauenswürdigkeit und Verlässlichkeit gleich (was generell als Fundamental Attribution Error bezeichnet wird). Anders gesagt:

> Mangelnde oder unklare, ungeregelte Erreichbarkeit ist ein Vertrauenskiller gerade in virtuellen Teams, wo man nicht mal schnell über den Gang gehen und das gewünschte Teammitglied besuchen kann. Also regeln Sie die Erreichbarkeit konsequent und transparent!

Nur so entsteht eine vertrauensvolle Zusammenarbeit. Ohne diesen Hygiene- und Kontextfaktor zerbröselt das Vertrauen allmählich an der mangelnden Erreichbarkeit! „Aber mein Beziehungspartner erschlägt mich, wenn ich 24/7 für mein Team erreichbar bin!", klagen viele ProjektleiterInnen. Wer verlangt das denn?

Das Gefühl, jederzeit und überall für jedermann erreichbar sein zu müssen ist ein Mega-Stressfaktor und Burnout-Treiber für viele Beschäftigte in unserer modernen Zeit. Dabei ließe sich das Problem ganz leicht lösen:

> Sie müssen nicht jederzeit, sondern verlässlich erreichbar sein.

Eine stets offene Bürotür ist keine Lösung. Genau so wenig wie Sprechzeiten von 7 bis 18 Uhr. Das ist eher kontraproduktiv und ineffektiv. Helga, eine sehr erfolgreiche Projektleiterin, ist zum Beispiel für ihr Team von Projekt X täglich nur von 10 bis 11 Uhr telefonisch erreichbar. Als Teammitglied in Projekt Y ist sie von 9 bis 10 Uhr täglich telefonisch für ihre KollegInnen erreichbar. Reicht die eine Stunde mal nicht, dann vereinbart sie einen Folgetermin. Aber jeder im Team weiß: In dieser einen Stunde ist sie hundertprozentig und ausnahmslos erreichbar. Das reicht. Sofern es für alle im Team gilt. Deshalb sollten Sie das mit Ihrem Team vereinbaren:

- Wer ist an welchen Wochentagen zu welchen Uhrzeiten garantiert erreichbar?
- Wie sieht die Notfallregelung außerhalb der Sprechzeit aus? E-Mail? SMS?
- Vereinbaren Sie auch: Wer seine Sprechzeit einmal nicht einhalten kann, muss das frühzeitig allen kundtun!

Viele erfahrene Projektleiter verteilen mit der Telefonliste auch gleich die Angaben zur Erreichbarkeit der aufgelisteten Teammitglieder. Damit ist dieser Kontextaspekt zuverlässig geregelt. Und Zuverlässigkeit schafft Vertrauen.

Kein Favoritentum!

Was schafft Vertrauen im Team? Die besten Antworten auf diese Frage bekommen Sie, wenn Sie sie umdrehen:

Wie verspielen Sie schnellstmöglich das Vertrauen?

Ganz einfach: Indem Sie „Mamas Lieblingen" eine Sonderbehandlung zuteilwerden lassen. Vorsicht: Das passiert wirklich jedem/r von uns häufig, unabsichtlich und unreflektiert. Meist bemerken wir es nicht – dafür aber umso heftiger einzelne Teammitglieder. Beate zum Beispiel klagt: „Wenn wir mal die Werbematerialien nicht so schnell liefern können wie gewünscht, fährt mir unser Projektleiter immer fürchterlich an die Karre. Wenn die Techniker aber Mist bauen, dann ist das immer alles halb so schlimm. Die sind eben die Lieblinge vom Projektleiter. Es ist zum Kotzen." Ergo: Das Vertrauen ist futsch. Beate und ihre MarketingkollegInnen trauen weder dem Projektleiter noch den Technikern über den Weg.

> Bevorzugung killt Vertrauen.

Wer fair und gerecht handelt, dem vertrauen die Menschen. Wer einzelne Teammitglieder bevorzugt, dem wird das Vertrauen von den nachteilig Behandelten entzogen. Also achten Sie auf Gleichbehandlung! Das ist schwierig. Denn jede(r) von uns findet bestimmte Menschen automatisch sympathischer als andere. Doch genau das ist der springende Punkt:

> Eine Führungskraft heißt so, weil sie nicht nach Nasenfaktor und Sympathie führt, sondern nach allgemein akzeptierten und effizienzförderlichen Führungsprinzipien.

Und eines dieser Prinzipien lautet eben: Bevorzuge keine(n)! Da wir dies jedoch meist unbewusst trotzdem tun, steuern Sie am besten bewusst gegen:

> Sie wissen ganz genau, wer Ihnen sympathisch ist und wen Sie deshalb automatisch immer ein wenig bevorzugen. Das müssen/können Sie sich auch nie vollständig abgewöhnen. Macht nichts. Setzen Sie einfach ein Gegengewicht, indem Sie ganz bewusst auch mit den nicht bevorzugten Teammitgliedern kommunizieren.

Malte zum Beispiel geht mit seinen Hamburger Teammitgliedern hin und wieder zu HSV-Heimspielen. Weil Malte eben auch in Hamburg sein Büro hat! Das nützt aber nichts. Denn die Münchner Teile seines Teams mosern schon hörbar: „Wenn er tatsächlich mal auf Geschäftsreise bei uns vorbeischaut, lädt er uns nicht mal auf ein Bier ein!" Wegen eines Biers macht ihr einen solchen Aufstand?

Ja, so sind Menschen nun mal. Das kann man ignorieren. Dann nennt man das Management. Ignoriert man es nicht, nennt man es Leadership. Wofür entscheiden Sie sich? Malte hat sich entschieden. Er hat allen acht Münchner Teammitgliedern gemailt: „Nächste Woche, Donnerstag, 18 Uhr, After-Work-Meeting im Hofbräuhaus, Tisch ist reserviert.

Ich erwarte vollzähliges Erscheinen – und wehe, einer kommt mit dem eigenen Auto!" 30 Sekunden nach Eintreffen der Mail steigt die Stimmung in München merklich. Merke: Teams bestehen aus Menschen. Und so sehr die gängige Management-Praxis auch postuliert, dass Menschen alles Menschliche morgens an der Stechuhr abzugeben haben – die tun das einfach nicht. Menschen erwarten, wie Menschen behandelt zu werden. In der machtgeführten Linie kann man das chronisch und notorisch ignorieren. Im Projekt nicht. Im virtuellen Projekt schon zweimal nicht. Gehen Sie vertrauensvoll und vertrauensbildend mit Ihrem Team um! Ich weiß, das hört sich etwas nach weichgespültem Soziologen-Talk an. Aber das lohnt sich immens. Vertrauen ist das Schmiermittel jedes virtuellen Teams.

In aller Kürze: Vertrauen bilden!

- In virtuellen Teams wächst Misstrauen sehr schnell.
- Entwickeln Sie eine Nase dafür: An welchen Symptomen erkennen Sie den Mistrust Level in Ihrem Team?
- Bekämpfen Sie nicht das Misstrauen. Bilden und pflegen Sie lieber Vertrauen. Das ist effektiver und effizienter.
- Erste Gelegenheit für Vertrauensbildung: der Kick-off.
- Wichtigstes Element der Vertrauensbildung: der persönliche Austausch zwischen Teammitgliedern untereinander und zwischen Teamleader und Teammitgliedern.
- Schlüsselfrage dieses Austauschs: In welchen Punkten haben wir Gemeinsamkeiten?
- Je mehr Gemeinsamkeiten Sie gemeinsam entdecken, desto stärker wird das Vertrauen im Team.
- Reservieren Sie konsequent 10 Prozent von allen Mailings, Telefonaten, Telkos, Mitteilungen und Meetings für die Pflege der gemeinsamen Interessen.

- Vertrauen braucht regelmäßige Pflege. Wenn es mal verloren ist, ist es zu spät.
- Teamleader beeinflussen das Vertrauen im Team extrem. Je weniger ein Teamleader Wortmeldungen von Teammitgliedern abqualifiziert, je konsequenter er jede Meldung wertschätzt, je stärker er gute Arbeit anerkennt, je konstruktiver und beziehungsfreundlicher er mit Fehlern umgeht, je offener und ehrlicher er kommuniziert, je mehr Gemeinsamkeiten er mit seinen Teammitglieder hat und je verlässlicher er erreichbar ist, desto stärker vertrauen ihm seine Teammitglieder.
- Je verlässlicher die Erreichbarkeit jedes einzelnen Teammitglieds geregelt ist, desto größer das Vertrauen im Team. Also: Vereinbaren Sie die Regelung!
- Verkneifen Sie sich jedes Favoritentum!
- Lassen Sie bei jeder Kommunikation mit dem Team ein inneres Controlling-Band mit der Frage mitlaufen: Das, was ich gleich sagen werde – wie wirkt sich das auf das Vertrauen im Team aus? Wie könnte ich es vertrauensbildend(er) umformulieren?

> „Zu Konflikten fällt mir die Werbung für ‚Fisherman's Friend' ein: Sind sie zu stark, bist du zu schwach!"
>
> Manfred K., Teamleiter

8 Stärke im Konflikt

Die meisten Konflikte sind vermeidbar

Was hält Teams auf? Seltsam, wie oft Teamleiter sich über Verzögerungen beklagen, ohne nach dem Warum zu fragen. Warum? Weil man unwillkürlich und irrtümlich glaubt, den Grund für die Verspätung zu kennen: „Der Kollege ist sonst so zuverlässig!" Aha, und jetzt ist er plötzlich „unzuverlässig"? Das ist eine klassische Fehlattribution (falsche Zuschreibung):

> Schieben Sie Verspätungen nicht auf Charakterschwäche. Suchen Sie lieber den Konflikt.

Tatsächlich hatte der „unzuverlässige" Kollege keinen plötzlichen Anfall von Unzuverlässigkeit, sondern mitten in der Ausführung seines Arbeitspaketes einen üblen Zwist mit einer Kollegin, die ihn bei der Ausführung unterstützen sollte. Der Konflikt kostete Zeit – daher die Verspätung. Aber das weiß der Teamleader nicht, weil er bloß die Verspätung sieht, aber nicht den Konflikt dahinter erkennen kann.

> You can't manage what you can't see: Wenn es in Ihrem Team nicht so läuft wie erwartet – suchen Sie die Konflikte!

Es gibt in virtuellen Teams nicht mehr Konflikte als in normalen Teams – sie werden nur später erkannt. Deshalb scheint es oft als ob es mehr gäbe. Konflikte sind Team-Leistungskiller – aber das gibt kaum jemand offen zu. Bis der Krach laut wird. Was sagen die meisten dann? Das: „Ich fasse es nicht, dass wir wegen so einer Banalität so viel Zeit verlieren. Das ist eigentlich völlig unnötig." Schlimmer: Es ist absolut vermeidbar.

> Die meisten Konflikte sind vermeidbar.

Ein echter Virtual Leader rennt Konflikten nicht hinterher. Er schreitet ihnen voraus, weil er auch im Konflikt der Leader bleibt. Er managt Konflikte, *bevor* sie entstehen. Wie? Eigentlich wissen Sie das inzwischen:

> Je besser sich Ihre Teammitglieder persönlich kennen, desto weniger Konflikte gibt es.

Haben Sie es bemerkt? Schon wieder ein Argument für den Kick-off. Und ein guter Tipp für Teamleader: Je besser Ihr Team auch Sie persönlich kennt, desto weniger und weniger schwere Konflikte gibt es zwischen Team und Teamleader.

> Sorgen Sie dafür, dass Sie sich mit Ihrem Team und Ihr Team sich untereinander vom ersten Tag an regelmäßig auch persönlich austauschen.

Ein wirksames Element dieses Austauschs im Dienst der Konfliktvermeidung ist auch die sogenannte Wall of Fame, eine virtuelle Pinnwand im Internet, auf der sich jedes Teammitglied neben einem Foto auch mit persönlichen Seiten (Hobbys, Vorlieben, Sport, Essen, Literatur, Musik …) vorstellt. Diese persönlichen Angaben lösen eine Art Beißhemmung aus: Wer wie ich die Rolling Stones gern hört, dem kann ich nicht wie einem völlig Fremden frontal an die Karre fahren – Gemeinsamkeiten verbinden (s. Kapitel 5, People that are like each other like each other). Je länger Ihr Projekt läuft und je wichtiger es ist, desto besser sollten sich Ihre Teammitglieder persönlich kennenlernen und regelmäßig austauschen. Dieses persönliche Kennenlernen ist ein klassischer Kontextfaktor (s.a. Kapitel 7):

> Der Kontext ist leichter zu gestalten als das Verhalten von Menschen: „Streitet nicht! Seid bitte vernünftig!" Solche Appelle verhallen meist ungehört – weil sie das Verhalten zu beeinflussen versuchen. Wenn Sie Ihren Teammitgliedern jedoch Gelegenheit geben, sich und Sie persönlich kennenzulernen (Kontextgestaltung), können Sie sich Ihre Appelle an die Vernunft sparen, weil es viel weniger oft und intensiv zu Konflikten kommt.

Es gibt noch einen Kontextfaktor, mit dem Sie Konflikte managen können, bevor diese entstehen: Teamziele.

Triple Z: Ziele, Zielkriterien, Zuständigkeiten

Wissen Sie, warum wir (s. Kapitel 3) so viel Mühe auf die Formulierung von Teamzielen verwendet haben? Wem die Ziele lediglich vor den Latz geknallt werden, der identifiziert sich weniger damit, streitet aber mehr. Wer dagegen bei der Zielformulierung involviert ist und diese mitgestaltet, der findet weniger Anlass und Motivation für Konflikte.

> **Teammitglieder, die voll hinter den Teamzielen stehen, streiten sich weniger.**

Teamziele haben noch eine weitere konflikthemmende Wirkung. Kommen Sie drauf? Kleiner Tipp: Was ist einer der häufigsten Gründe für Teamkonflikte? Richtig: „So war das aber nicht vereinbart!" Meist fällt der Satz, wenn ein Arbeitspaket übergeben werden soll und der Teamleader oder der Übernehmende es ablehnt: „So war das nicht vereinbart!" Ergo:

> **Je klarer und eindeutiger Sie Ihre Ziele vereinbaren (nicht vorgeben!), desto seltener und weniger heftig kommt es zu Konflikten.**

Leider sind viele Teamverantwortliche nicht besonders realistisch bei der Einschätzung der Klarheit der Ziele: „Das passt schon. Alle wissen, was von ihnen erwartet wird." Leider ist das meist nicht der Fall. Woran liegt das? Was raten Sie?

> **Ziele sind nur dann klar vereinbart, wenn mit der Zielvereinbarung auch die Abnahmekriterien vereinbart werden.**

Henry sagt zu Monika: „Ich brauche Ihre Marktanalyse bis 25. September. Alles klar?" Würden Sie das als Zielvereinbarung durchgehen lassen? Nein, denn die Abnahmekriterien fehlen. Folgerichtig legt Monika am 25.9. eine Analyse vor, bei der Henry ausflippt: „So war das nicht gedacht! Ich brauche selbstverständlich auch Asien, nicht nur Zentraleuropa!" Warum hat er das nicht gleich gesagt? Weil er lediglich in Zielen denkt („Marktanalyse"), nicht aber auch in Abnahmekriterien („Europa plus Asien").

> Sagen Sie klipp und klar: „Dieses Arbeitspaket wird abgenommen, wenn es folgende Zielkriterien erfüllt: ..." Und dann vereinbaren Sie mit dem Arbeitspaketverantwortlichen die Kriterien.

Das leuchtet absolut ein, wird aber selten gemacht. Häufige Ausrede dafür: „Das sind alles erwachsene Menschen. Die kann ich doch nicht derart gängeln! Die wissen schon, was von ihnen erwartet wird." Das ist Illusion, kein Management. So kann man kein Team führen. Wer konfliktarm durchs Projekt düsen möchte, braucht klare, kriterienkontrollierte Ziele. Und noch etwas mit Z. Kommen Sie drauf?

Was führt in Teams denn mit am häufigsten zu Konflikten? Richtig: Zuständigkeiten. Irgendwas läuft schief, jemand zeigt mit dem Finger auf einen Teamkollegen und der sagt: „Kann ich nichts dafür! Dafür bin ich nicht zuständig!" Und dann streitet man sich minutenlang, bei wem die Zuständigkeit eigentlich gelegen haben könnte/sollte/müsste. Das ist peinlich. Und vermeidbar:

> Vereinbaren Sie ganz zu Beginn alle relevanten Zuständigkeiten so konkret und detailliert wie möglich. Machen Sie das diplomatisch, im gegenseitigen Austausch und beziehungsfreundlich, sonst kommen sich Ihre Teammitglieder gegängelt vor.

Ziele, Zielkriterien, Zuständigkeiten. Regeln Sie diese drei Z und die Hälfte der Konflikte wird nie virulent. Was ist mit der anderen Hälfte?

Das Cohn-Prinzip

Ich weiß nicht, warum Konfliktmanagement als „kompliziert" gilt. Im Grunde ist es herzlich einfach:

> Wenn man offen miteinander redet, kommt es gar nicht zum Konflikt – höchstens zu Meinungsverschiedenheiten.

Konflikte fallen nicht vom Himmel. Schon Tage oder Wochen vor dem eigentlichen Konfliktausbruch ist immer mindestens eine(r) wegen irgendwas auf irgendwen sauer. Warum redet man dann nicht miteinander? Aber nein, man sitzt auf den Händen, kriegt den Mund nicht auf und lässt es dann, wenn sich der stille Unmut im Verborgenen aufgebaut hat, irgendwann zum Konflikt kommen. Ruth Cohn, die Begründerin der Themenzentrierten Interaktion, stank diese maulfaule Unbeholfenheit so gewaltig, dass sie eine der besten Konflikt-Prophylaxen „erfand". Sie lautet schlicht und einfach:

> Störungen haben Vorrang!

Hängen Sie dieses zentrale Prinzip des Konfliktmanagements an der virtuellen Pinnwand auf! Sprechen Sie es beim allerersten Teammeeting (idealerweise: Kick-off) an. Erklären Sie, was es bedeutet. Zum Beispiel:

> Niemals runterschlucken! Störungen bitte immer sofort auf den Tisch!

In Spitzenteams steht relativ oft ganz explizit im Protokoll der ersten Sitzung:

> Wir versprechen uns gegenseitig, etwaige Meinungsverschiedenheiten so früh wie möglich offen anzusprechen. Damit daraus keine Konflikte werden.

Das ist natürlich leichter gesagt als getan. Vor allem, weil wir alle in Elternhaus, Schule und Beruf gelernt haben, ganz schnell wegzuschauen und auf göttliche Intervention zu hoffen, wenn sich irgendwo ein Konflikt abzeichnet – oder die gute Kinderstube zu vergessen und die Verbalkeule zu schwingen. Deshalb sollten Sie bei der ersten Sitzung mit Ihrem Team zusammen klären:

- Wie können wir Meinungsverschiedenheiten so ansprechen, dass sich keine(r) angegriffen fühlt?
- Welche unterschwellig aggressiven Formulierungen sind unbedingt zu vermeiden?
- Welche alternativen Formulierungen wollen wir benutzen? Richtig: So detailliert sollte man das machen. Woher sollen es die Teammitglieder denn sonst lernen? In Elternhaus und Schule sicher nicht.
- Geht so eine Klärung von Meinungsverschiedenheiten per E-Mail oder ist ein Telefongespräch unabdingbar?

- Machen Teammitglieder mit Meinungsverschiedenheiten diese unter sich aus? Wann und wie soll der Teamleiter als Schlichter eingeschaltet werden?
- Welche Vereinbarungen erleichtern uns sonst noch den Umgang mit Meinungsverschiedenheiten?

Eigentlich ist das ganz einfach: Man redet beim ersten Treffen ganz vernünftig über den Umgang mit Meinungsverschiedenheiten, damit man danach möglichst wenig über Konflikte reden muss. Trotzdem kommt es natürlich immer zu Konflikten, wo Menschen sind. Verantwortlich dafür sind, wie gesagt, die Menschen. Vor allem einer. Welcher?

Werden Sie ein starker Konfliktmanager

Teamleiter provozieren Konflikte. Natürlich immer unbewusst, unabsichtlich, ungewollt und unreflektiert. Aber trotzdem. Tamara zum Beispiel sagt auf einen Vorschlag von Bernice: „Das bringt doch nichts! Das hält uns doch nur auf!" Bernice zuckt zusammen und schluckt schwer, hält aber den Mund. Sie traut sich noch nicht. Sie „sammelt Rabattmarken", wie die Psychologen sagen. Mit jeder ungeschickten Äußerung von Tamara wächst Bernices Frust. Als Tamara zwei Telkos später selber einen Vorschlag vorbringt, fährt Bernice ihr voll in die Parade: Konflikt. Tamara schimpft: „Diese blöde Kuh!" Wen meint sie damit? Jene, die ihr in die Parade gefahren ist? Oder jene, die diesen Racheakt provoziert hat?

> Beschweren Sie sich nicht über Zicken und Streithähne im Team. Bringen Sie sich lieber die Prinzipien der gewaltfreien Kommunikation bei.

Es hilft schon ungemein, wenn Sie in ganz normalen Gesprächen drei ihrer Grundsätze beherzigen:

- Sobald eine abweichende Meinung auftaucht, haben Sie die Wahl: Sie können sie kurz abbürsten und damit Konfliktpotenzial aufbauen. Oder Sie können ihr etwas Zeit und Gehör schenken und damit Konfliktpotenzial abbauen. Wofür entscheiden Sie sich?
- Eine besonders elegante Art, um streitlustigen Teammitgliedern den Wind aus den Segeln zu nehmen ist das Überraschungsmoment: Teammitglieder mit abweichender Meinung wissen natürlich, dass ihre Meinung abweicht. Also rechnen sie mit Ablehnung. Machen Sie das Gegenteil. Sagen Sie: „Danke für Ihren Vorschlag. Das ist ein wichtiger Aspekt. Lassen Sie uns darüber reden." Dann wird ein Gespräch daraus – kein Konflikt.
- Wenn Sie sprechen, sprechen Sie zwar meist über Sachinhalte. Behalten Sie trotzdem stets parallel die Person im Auge: Reden Sie immer so, dass Ihr Gegenüber sein Gesicht wahren kann!

Ein Team ist immer nur so konfliktstark wie sein Teamleiter.

So konfliktstark sind Sie noch nicht? Dann beglückwünsche ich Sie zu dieser Erkenntnis. Die meisten Menschen sind zu einer realistischen Selbsteinschätzung ihrer Konfliktstärke nicht in der Lage. Obwohl jede(r) den Spruch kennt: Selbsterkenntnis ist der erste Schritt zur Besserung. Der zweite Schritt ist – kommen Sie drauf? Richtig: Übung. Ob Sie diese autodidaktisch oder per Coaching absolvieren, ist nicht so wichtig. Hauptsache, Sie üben, zum Beispiel anhand der obigen drei Tipps. Dafür müssen Sie nicht auf den nächsten Konflikt warten. Diese Tipps nützen Ihnen in wirklich jedem Gespräch. Und wenn Sie sie in wirklich jedem Gespräch anwenden, klappt das automatisch (da automatisiert) auch im nächsten Konflikt. Und der kommt bestimmt. Was dann?

Prima, ein Konflikt!

Es gibt zwei Arten von Menschen: Jene, die sich von Konflikten bedroht fühlen und jene, die sich davon herausgefordert fühlen. Was fühlen Sie vor, bei, in Konflikten?

> Natürlich erschrickt jede(r) erst mal, wenn ein Konflikt sich abzeichnet. Sagen Sie sich nach dem ersten Schreck unbedingt: Ich weigere mich, mich vom Negativen in diesem Konflikt runterziehen zu lassen. Das macht es nicht besser. Ich nehme mir lieber vor, die Chancen zu nutzen, die mir der Konflikt bietet!

Konflikte bieten Chancen? Wer sagt denn sowas? Jene, die Konflikte erfolgreich bewältigen. Hier einige Statements:

- „Nach den schlimmsten Gewittern ist die Luft am reinsten."
- „Besser einmal richtig Krach als ständig dieses Rumdrucksen."
- „Dass wir den Konflikt gemeinsam durchgestanden haben, hat unser Team enger zusammengeschweißt."
- „An Konflikten wachsen wir."

> Halten Sie das Negative in Konflikten aus (ein Besuch beim Zahnarzt ist schlimmer) und konzentrieren Sie sich auf das Gute, das Sie dabei herausarbeiten können.

Die Welt ist schlecht genug. Gerade in Konflikten (und dem restlichen Leben) ist es entscheidend, nicht auf das Schlechte, sondern auf das Konstruktive zu fokussieren. Oder kurz:

> Drücken Sie sich nicht vor Konflikten. Wachsen Sie an ihnen.

An einem einzigen Konflikt kann ein entwicklungsbereiter Mensch stärker (über sich hinaus)wachsen als in fünf Jahren Business as usual. Aber was nützt es, wenn Sie Konflikte konstruktiv angehen und Ihr Team weiterhin bei jeder Gelegenheit rumzickt und streitet? Gute Frage. Die Antwort:

> Ob Sie es wollen/merken oder nicht: Wenn Sie konstruktiv mit Konflikten umgehen, macht Sie das automatisch zum Vorbild. Andere Teammitglieder machen es Ihnen mit der Zeit nach – sofern Sie das nur konsequent durchhalten und positives Feedback geben, wenn Ihre Teammitglieder Sie nachahmen.

Dieses Lernen durch Imitation bringt weitaus mehr als die fruchtlosen Appelle: „Leute, streitet nicht! Arbeitet zusammen!"

Rauchmelder fürs virtuelle Team

Es gibt Teams, in denen herrscht eine geradezu traumhaft produktive Atmosphäre – fast vollkommen konfliktfrei. Wie machen die das? Mit Frühinterventionen:

> Wer bereits auf Frühwarnsignale von Konflikten interveniert, klärt Konflikte, solange es noch gar keine sind.

Das liest sich wieder ziemlich banal an, wird in der Praxis aber selten gemacht. Sondern? Normalerweise ignoriert der Mensch Frühwarnsignale und denkt sich: „Das legt sich wieder von alleine, das renkt sich ein, dafür hab ich keine Zeit, ich hab genug anderes zu tun." Das ist nicht gut.

> **Laissez-faire ist die schädlichste aller Konfliktstrategien.**

Vielleicht beruhigt sich der heraufziehende Konflikt tatsächlich von allein, vielleicht auch nicht – aber die Dinge so aus der Hand zu geben ist kein Management, das ist Nichtstun. Dafür wird keine(r) von uns bezahlt.

> **Wer nichts unternimmt, eskaliert damit unabsichtlich den Konflikt.**

Wer nichts unternimmt, wenn es im Haus nach Rauch riecht, darf sich nicht wundern, wenn kurz danach die Bude brennt. Virtual Leaders haben daher ein feines Näschen für Rauchgeruch. Sehr viel feiner als das von normalen Teamleitern, die einzelnen Teammitgliedern im Alltag öfters über den Weg laufen – in der Kaffeeküche und am Watercooler. Da merkt selbst der verkopfteste Theoretiker, wenn ein Teammitglied miese Laune hat. Im virtuellen Team merkt man das nicht, weil man sich so selten physisch über den Weg läuft. Deshalb achten Virtual Champions auf Brandgeruch in der Kommunikation. Lesen und hören Sie zwischen den Zeilen und achten Sie insbesondere auf folgende Warnsignale:

- Der Small Talk und der persönliche Austausch in Meetings, Telkos, am Rand von E-Mails und Telefonaten und im virtuellen Chatroom des Projektes gehen deutlich zurück. Es wird hauptsächlich nur noch über Sachfragen kommuniziert.
- Manchmal wird nur noch „das Nötigste" beredet und gemailt. Dann schwelt der Konflikt schon munter und frisst bereits massig Produktivität. Er kann jederzeit offen ausbrechen oder sich verdeckt in Projektsabotage austoben.
- Der Projektleiter taucht plötzlich deutlich öfter im CC von E-Mails zwischen zwei oder mehreren Teammitgliedern auf: Die streiten sich bereits und versuchen, den Teamleiter jeweils auf ihre Seite zu ziehen.
- Die Häufigkeit der Kommunikation zwischen Teammitgliedern nimmt ab. Antwort-Mails bleiben aus oder lassen auf sich warten. Die lieben KollegInnen zeigen sich die kalte Schulter.
- Der Ton in E-Mails oder am Telefon wird ungeduldiger, genervter, schärfer: „Wann kriegen wir das endlich?", „Das ist immer noch nicht da!", „Ich warte!" Solche offenen und offensiven Signale überhört kein echter Virtual Leader!
- Die Produktivität nimmt deutlich ab, Arbeitspakete verspäten sich, Termine werden bedroht: die deutlichsten Konfliktsymptome. Hier liegt das Kind schon im Brunnen.
- Die Gerüchteküche trägt Ihnen zu: Kollege A hat sich bei Kollegin B über Kollege C beklagt.

Auf was sollen Sie denn noch alles achten! Sie haben schon genug zu tun! Stimmt. Deshalb ist es gut, dass auf Frühwarnsignale zu achten nach der ersten Woche Eingewöhnung so gut wie keinen Aufwand erfordert. Die menschliche Aufmerksamkeit ist im üblichen Arbeitsalltag lachhaft unterfordert. Sobald Sie eine Woche lang auf (s. o.) Frühwarnsymptome geachtet haben, wird Ihnen das zur zweiten Natur, zum Automatismus wie Kuppeln im Auto auch: Darauf müssen Sie auch nicht mehr bewusst achten. Probieren Sie's!

Konflikte: Holschuld, keine Bringschuld

In Svens virtuellem Team mailen sich zwei Teammitglieder seit Wochen nur noch das Nötigste. Telefoniert wird kaum noch. Bei vielen Anrufversuchen geht man gar nicht erst ran, wenn man die Nummer des Kollegen im Display erblickt. Um eine wichtige technische Frage hat sich das Team in drei Fraktionen aufgespalten, was der Stimmung im Projekt nicht gerade zuträglich ist. Als es wieder einmal heftig kracht, melden sich zwei Teammitglieder bei Sven.

Sven schlägt die Hände über dem Kopf zusammen: „Warum sind Sie denn nicht früher zu mir gekommen!" Mit Verlaub: Das ist Unsinn! Als Teamleader wartet man nicht, bis die Streithähne vor der Bürotür aufschlagen. Das ist kein Management! Management heißt anpacken, nicht aussitzen und auf Wunder warten.

> Machen Sie aus Konfliktmanagement eine Holschuld! Holen Sie den Konflikt bei den Konfliktpartnern ab!

Ich weiß, das kostet Überwindung – aber das trifft auf alle lohnenden Tätigkeiten in Beruf und Leben zu. Ein Heiratsantrag kostet auch Überwindung. Geben Sie sich einen Ruck. Sie verschaffen sich einen unschätzbaren Trainingsvorsprung, wenn Sie das Prinzip der Holschuld bei kleinen Konflikten im privaten und kollegialen Umfeld trainieren: Gehen Sie rein in die kleinen Konflikte, die Sie früher ignoriert oder ausgesessen haben! Das ist wie Achterbahnfahren oder Gleitschirmfliegen: Kostet Überwindung, aber setzt jede Menge Adrenalin und Endorphine frei. Das lässt verstehen, wenn die Champions des Konfliktmanagements Dinge sagen wie: „Konflikte machen Spaß!" Wenn man aktiv reingeht.

Aber sind denn erwachsene Teammitglieder nicht in der Lage, ihre Streitereien selber beizulegen? Das werde ich oft gefragt. Schön wär's ja. Aber die Allgemein- und Charakterbildung in der westlichen Welt ist eine Katastrophe – fragen Sie jeden Ausbilder, der sich mit Abiturienten herumschlagen muss. Gehen Sie davon aus: Der moderne Mensch hat nur rudimentäre Konfliktkompetenz. Also intervenieren Sie, bevor Konflikte Ihr Team zerlegen! Teammanagement heißt Konfliktmanagement.

Klären Sie den Sachkonflikt, bevor er persönlich wird!

Alle Konflikte haben einen Sachauslöser. Ludwig zum Beispiel präferiert als Techniker eine Stahlaufhängung für das Aggregat, das sein Team entwickelt. Desiree als Controllerin dagegen möchte lieber verzinktes Eisenblech – weil das kostengünstiger ist. Was passiert? Was raten Sie? Was sagt Ihnen Ihre Konflikterfahrung? Etwa:

> **Konflikte degenerieren schnell von sachlich nach persönlich.**

Werden Konflikte nicht auf der Sachebene abgefangen, verrutschen sie leicht, schnell und dramatisch ins Persönliche – und dann wird's happig! Also muss ein Teamleader schnell sein, sehr schnell. Denn manchmal springt der Konflikt binnen Sekunden von sachlich nach persönlich, zum Beispiel zwischen Ludwig und Desiree:

Ludwig: „Bei über zehn Jahren Standzeit und dieser Preisklasse erwarte ich als Kunde Stahl und kein billiges Blech!"
Desiree: „Wir sind jetzt schon hart an der Budgetgrenze!"
(Jetzt erfolgt der Sprung)
Ludwig: „Warum muss Controlling denn ständig auf die Bremse treten?"

Desiree: „Warum wollt ihr Ingenieure immer Zeugs, das kein Kunde zu zahlen bereit ist?"

Die letzten beiden Äußerungen haben mit der Sache nichts mehr zu tun. Sie sind rein persönlich, verletzend, eskalierend und produktivitätskillend. Wo ist der Teamleader, wenn man ihn mal braucht? Schläft er? Ist er konfliktschwach?

Ganz peinlich wird es, wenn in solchen Situationen ein „normales" Teammitglied mehr Konfliktkompetenz beweist als der Teamleader, indem es die Führung übernimmt und sagt oder mailt: „Ich hätte dazu drei Fragen: Welche Ausstattung haben vergleichbare Produkte? Welche Nachteile für die Instandhaltung hat verzinktes Blech? Wie groß ist der Preisunterschied zwischen beiden Metallen?" Mit solchen Fragen zieht man den persönlich gewordenen Konflikt wieder auf die Sachebene zurück. Sie können das auch ganz explizit machen, indem Sie sogenannte Metakommunikation betreiben: Kommunikation über die Kommunikation. Indem Sie zum Beispiel sagen, telefonieren oder mailen: „Leute, bevor wir uns gegenseitig an die Gurgel gehen – sollten wir nicht vorher lieber die Sachlage klären? Bitte lasst uns die Sache klären. Es schadet uns allen, wenn der Konflikt persönlich wird." Moment mal: Man kann so eine Konfliktintervention auch mailen? Kann man, aber sollte man nicht:

> **Konfliktklärung per E-Mail ist ein Riesenfehler!**

Warum? Jeder hat das schon mal erlebt: Weil sich die Konfliktpartner dann gegenseitig Mail um Mail um die Ohren hauen, eines eskalierender als das andere und selbst nach gefühlten Dutzenden E-Mails die Lösung in immer weitere Ferne rückt – oder selbst nach einer Lösung das Klima total vergiftet ist. Warum? Ganz einfach: Schriftlich kommunizieren Menschen sehr viel leichter und schneller sehr viel verletzender als mündlich. Denn wenn man mit jemandem redet oder telefoniert, kriegt man immer das (non)verbale Feedback mit, das einem signalisiert: „Hoppla, damit bin ich möglicherweise zu weit gegangen!" Dieses korrektive Feedback fehlt E-Mails und anderen Schriftsätzen (Briefen, Berichten, Protokollen …). Auch das ist ein Grund, warum sich schwach geführte virtuelle Teams sehr viel heftiger zoffen und sehr viel weniger produktiv sind als herkömmliche Teams: Sie benutzen das falsche Medium. Sie kommunizieren virtuell, wo sie persönlich kommunizieren sollten (s. ausführlich Kapitel 10 bis 12).

> Wenn nach dem dritten E-Mail-Durchgang keine Konfliktlösung erreicht wurde: Telko ansetzen! Oder telefonische Shuttle-Diplomatie unter jeweils vier Augen.

Bremsen Sie Team-Tyrannen!

Jedes Team hat einen Platzhirsch, einen Oberlehrer, einen gar nicht so heimlichen Besserwisser, der sich zum Ersatz-Teamleiter aufschwingt und KollegInnen drangsaliert. In normalen Teams passiert das meist in Teammeetings. Dann kann der Teamleader den Taschenformat-Tyrannen an die Zügel nehmen. In virtuellen Teams ist das dagegen ein Problem.

Ludwig zum Beispiel fühlt sich als Oberfachmann und mailt anderen TeamkollegInnen ungefragt in ihre Arbeitspakete rein: „Das müssen Sie so und so machen! Ist Teilaufgabe X schon erledigt?" Die derart von der Seite angeschossenen KollegInnen reagieren milde schockiert bis stinksauer: „Was bildet der sich eigentlich ein?" Aber das kriegt Teamleiter Oleg nicht mit, weil er bei diesen Mails eben nicht auf CC steht. Deshalb fügt er in jede seiner eigenen Mails unauffällig eine oder mehrere sogenannter Blitzlicht-Fragen ein:

> Haben Sie eine Laus im Pelz? Einen heimlichen Tyrannen im Team? Das wissen Sie nicht? Dann stellen Sie Fragen, die wie ein Blitz ein schlagartiges Licht auf die Lage werfen, zum Beispiel am Ende einer E-Mail oder eines Telefonats: „Und? Wie sind Sie sonst mit der Arbeit im Team zufrieden? Klappt die Abstimmung mit den Kollegen? Mit wem klappt es besonders gut?" Wen wirklich der Pelz juckt, dem platzt bei solchen Fragen zuverlässig der Kragen und er sagt, was ihm auf der Seele liegt: Konflikt erkannt, Konflikt gebannt.

Naja, gebannt noch nicht. Aber die Hälfe der Miete eingespielt. Die andere Hälfte ist, den „Tyrannen" zurückzupfeifen. Das gelingt nicht, wenn Sie ihn eindimensional zurückpfeifen: „Lassen Sie das gefälligst! Hier bin immer noch ich Projektleiter!" Da Sie keine Weisungsmacht haben (vgl. Kapitel 6), provozieren Sie den Platzhirsch damit nur. Also werden Sie zweidimensional:

> „Zurückpfeifen" immer per Pacing & Leading: Erst loben, dann lenken.

So macht das auch Oleg, nachdem er mitbekommen hat, dass Ludwig sich aufspielt: „Ludwig, wie Sie sich um das Projekt bemühen – also so ein Engagement habe ich noch nie erlebt. Sie sind praktisch mein oberster Qualitätsprüfer. Und diese Funktion können Sie noch viel stärker ausfüllen, wenn Sie ab sofort direkt an mich berichten." Ludwig fühlt sich daraufhin gebauchpinselt (genau diese Anerkennung verfolgt er mit seinen Zwischenbemerkungen). Hält er sich nicht daran, kann Oleg sukzessive etwas deutlicher werden. Was überhaupt nicht funktioniert, aber ständig gemacht wird:

> Weisen Sie Hobby-Tyrannen niemals vor Publikum zurecht!

Das geht immer nach hinten los. Damit provozieren Sie Racheakte und Konflikte. Pfeifen Sie Tyrannen immer nur Eyes only, unter vier Augen zurück. Erfahrungsgemäß sind Amateur-Tyrannen sehr einsichtig, wenn man vernünftig mit ihnen redet.

Die Ziel-Frage

Die Ziel-Frage ist eine der besten Moderations- und Konfliktmanagementfragen. Wenn Teammitglieder in der Telko, dem Meeting oder mit ihrem E-Mail-Abtausch allzu tangential werden, vom Thema abkommen, stellen Sie die Frage:

> „Bringt uns das unserem Ziel näher?"

Menschen reden gerne. Menschen schweifen gerne ab und streiten sich gerne (auch wenn sie das Gegenteil behaupten). Aber sie erreichen auch gerne ihre Ziele (weil sie dafür bezahlt werden und weil jeder Mensch gerne Erfolg hat). Daran können und sollten Sie sie bei betreffender Gelegenheit erinnern.

> Die Ziel-Frage wirkt noch besser, wenn es eine Teamprämie für Projekterfolg gibt. Dann müssen Sie bei ausufernden Diskussionen und heraufziehenden Konflikten lediglich fragen: „Leute, bringt uns diese Diskussion unserem Bonus näher?"

Leider misslingt vielen Managern sogar diese prima facie simple Incentivierung. Immer wieder erlebe ich Teams, in denen einzelnen Teammitgliedern ein Bonus in Aussicht gestellt wurde, wenn sie ihr Arbeitspaket, das auf dem kritischen Pfad liegt, termingerecht oder vor Termin abliefern. Ist das nicht gut? Sorgt das nicht für eine termingerechte Abgabe? Ja – beim incentivierten Teammitglied. Nein bei den anderen. Denn so ein Einzelbonus provoziert Teammitglieder förmlich zur Einzelkämpferei. Und Einzelkämpfer lassen ihre Teamkollegen hängen oder behindern sie sogar, um sich nur ja den eigenen Bonus zu sichern.

> **Einzelboni zerstören Teams.**

Der Knüller kommt dann, wenn ein Teamleader an die nicht incentivierten Teammitglieder appelliert: „Zeigt ein bisschen mehr Teamgeist!" Das ist haarsträubend. Gemacht wird, was belohnt wird. Und wenn Einzelkämpfer belohnt werden, wird Einzelkampf gemacht: Incentivieren Sie Team-, nicht Einzelleistung!

Audiatur et altera pars

Oleg erblickt eines Tages in einer E-Mail an den zentralen Einkauf, bei der er auf CC steht, folgendes Konfliktsignal: „Wie sollen wir unseren Job termingerecht abliefern, wenn ständig sämtliche Einkäufer zu beschäftigt sind, um die Beschaffung für unseren Prototypen abzuwickeln?" Oleg ist in einer Sekunde von null auf hundert. Er weiß: Als Projektleiter muss er sich darum kümmern (s.o., Holschuld)! Er ruft dem Chief Procurement Officer an. Der macht seiner Abteilung umgehend Dampf. Problem gelöst? Konflikt geklärt? Ja. Und: Nein.

Das Problem ist scheinbar gelöst, aber der Konflikt ist damit nur noch heftiger geworden. Denn die betroffenen Einkäufer feuern nach dem Anschiss vom Boss wutentbrannt zurück: „Was soll das heißen? ‚Ständig' und ‚sämtliche Einkäufer'? Das war an exakt zwei Tagen. An einem war die Hälfte von uns auf Schulung und am andern hatten wir Klausursitzung!" Oleg hat sich blamiert.

Die beiden Reizworte ‚ständig' und ‚sämtliche' hatte sein Teammitglied nur deshalb verwendet, weil es Panik wegen seiner Terminnot bekommen hatte – nicht um einen objektiven Sachverhalt zu beschreiben. Wie hätte Oleg die Blamage und Konflikteskalation vermeiden können? In einem herkömmlichen Meeting ganz einfach. Da hätte der beschuldigte Einkäufer sofort im Meeting die Sache richtigstellen können. In virtuellen Teams gibt es genau diese Gelegenheit nicht oder viel seltener. Deshalb schaukeln sich in virtuellen Teams Konflikte so stark, schnell und hoch auf. Das wussten schon die alten Römer als sie den Rechtsgrundsatz prägten:

> Audiatur et altera pars: Bevor Sie in einem virtuellen Konflikt intervenieren oder auch nur eine Einschätzung dazu bilden – fragen Sie immer erst die andere Seite (altera pars) nach ihrer Sicht der Dinge und vor allem nach ihren Motiven für ihr Handeln. Die Motive sind meist über jeden Zweifel erhaben.

Keine Kompromisse!

Was sind die beliebtesten Holzwege der Konfliktbewältigung?

1. Ignorieren, Wegschauen, „Keine Zeit!", „Das gibt sich!"
2. Beschwichtigen, Appelle an die Vernunft

3. Verbalkeule, Machtwort
4. Kompromiss

Moment mal, warum ist der Kompromiss ein Holzweg? Es werden doch immer so große Stücke auf die Kompromissbereitschaft gehalten! Außerdem weiß doch jeder, dass die Lösung für einen Konflikt immer der Kompromiss ist. Das heißt: Alle stecken ein wenig zurück – und dann was? Dann sind alle zufrieden? Wie oft beobachten Sie das?

Am häufigsten passiert doch wohl, dass alle ein wenig nachgeben und keiner dann mit dem Endergebnis zufrieden ist – daher das geflügelte Wort vom „faulen Kompromiss":

> **Konsenslösungen sind besser als Kompromisse.**

Natürlich benötigen Konsenslösungen etwas mehr Zeit als (faule) Kompromisse. Dafür sind danach auch alle zufrieden, weshalb alle den Konsens mittragen (Kompromisse werden eher passiv toleriert), weil alle dabei gewinnen (beim Kompromiss verlieren ex definitione alle). Außerdem beschädigt ein (fauler) Kompromiss den Teamgeist, wohingegen ein Konsens ihn stärkt. Im Endeffekt ist ein Konsens daher rentabel: Er kostet am Anfang etwas mehr Zeit, spart dann aber bei der Umsetzung viel Zeit und Ärger. Er steigert die Produktivität. Warum scheitern dann so viele Ehen?

Weil auch und gerade im Privatleben oft so lange faule Kompromisse eingegangen werden, bis einem oder beiden Partnern der Geduldsfaden reißt. Aber das ist kein Argument: In vielen Belangen sind wir im Beruf sehr viel kompetenter als im Privaten. Dass Konsensbildung nicht einmal im Privaten funktioniert, ist kein Argument. Eher im Gegenteil: Wenn es schon zu Hause nicht klappt, sollte es zumindest im Beruf funktionieren – denn sonst ist neben der Ehe auch noch das Einkommen futsch. Umgekehrt wird ein Schuh daraus: Etliche ProjektleiterInnen berichten, dass sich die geübte Konsenspraxis im Projekt auch positiv auf das häusliche Leben auswirkt. Probieren Sie's! Klüngeln Sie keine Kompromisse aus. Verhandeln Sie so lange mit den Konfliktparteien, bis sich ein Konsens ergibt. Das ist meist nur eine Frage der Geduld und des Engagements. Was ist der Unterschied zwischen Kompromiss und Konsens? Ganz einfach: Sie werden ihn merken. Nämlich dann, wenn alle Konfliktbeteiligten – einschließlich Ihnen – zufrieden sind mit der ausgehandelten Lösung.

Mimosen-Management

Zugegeben: Diesen Ausdruck sollten Sie niemals laut aussprechen! Aber er trifft das Problem auf den Kopf:

> In jedem Team gibt es hoch sensible Mitglieder, die ganz schnell verletzt reagieren, aber so konfliktschwach sind, dass sie alles runterschlucken und lieber mit innerer Emigration, Verweigerung oder stiller Projektsabotage reagieren. Kümmern Sie sich um sie!

Warum? Weil das oft die besonders wichtigen oder leistungsstarken Mitglieder sind. Selbst wenn nicht: Es reicht schon ein fauler Apfel ... Schon ein einziges beleidigtes Teammitglied reicht, um produktivitätsvernichtende Konflikte herauf zu beschwören. Daher:

> Bieten Sie sensiblen (neurotischen, narzisstischen, cholerischen ...) Teammitgliedern mehr Sicherheit. Sagen Sie vom

> ersten Meeting (ideal: Kick-off) an und dann immer wieder: „Mir ist die Stimmung im Team wichtig (‚Stimmung' ist ein Signalwort für Sensible). Also wenn euch irgendetwas auf den Magen (Signalwort!) schlägt, dann schluckt (Signalwort) das bitte nicht, sondern mailt mir sofort oder ruft mich gleich an. Ich bin für euch da. Wir regeln das dann gemeinsam."

Jetzt müssen Sie den Sensibelchen auch noch die Hand halten? Sie sind doch keine Kindergartentante! Nein, aber als Virtual Leader wissen Sie: Gerade die hoch sensiblen Mitglieder haben oft die allerbesten Anregungen. Also sollte man ihnen immer ein offenes Ohr schenken. Die Zeit haben Sie nicht? Das ist eine Ausrede.

> **Einem schnell beleidigten Menschen zuzuhören, dauert umso kürzer, je intensiver Sie das hinbekommen.**

Miriam zum Beispiel ruft bei Oleg an: „Der Ludwig redet mir ständig in meine Aufgabe rein! Der ist so gemein zu mir!" Oleg erschrickt und denkt: „Die Miri heult sich jetzt sicher stundenlang bei mir aus!" Genau das tut sie, wenn Oleg ihr nicht das gibt, weshalb sie eigentlich anruft.

> **Sie verkürzen jedes Gespräch enorm, indem Sie dem Gesprächspartner schnell und intensiv das geben, was er möchte.**

Also sagt Oleg: „Also das ist ja wirklich …! So geht das aber nicht! Dieser Ludwig! Ich kann mir vorstellen, dass Sie fürchterlich sauer auf ihn sind und das ganze Projekt am liebsten hinschmeißen würden – und ich könnte Ihnen das nicht mal verdenken!" Gewiss: Das ist heillos übertrieben. Aber auch so intensiv wie Miriam das empfindet und erhofft hat: Katharsis. Deshalb sagt sie – nach exakt zehn Sekunden Gespräch: „Naa! So schlimm ist es nun auch wieder nicht. Er meint es ja gut. Aber ich bin froh, dass wir drüber geredet haben. Jetzt ist meine Wut verraucht. Danke!" Gerne geschehen. Übrigens: Oleg hat im Gegensatz zu vielen seiner KollegInnen nie Probleme, die besten Leute seines Unternehmens in seine Projekte zu holen. Woran das nur liegen mag? Keine rhetorische Frage: Was ist Olegs „Geheimrezept"? Was hat er Miriam eben gegeben?

Richtig: Verständnis. Auch so ein Reizwort. Verständnis ist wie Penicillin: Die meisten Menschen verstehen es nicht. Es vergeht keine Woche, in der mir ein Manager nicht sagt: „Verständnis zeigen? Ich bin doch kein Weichei!" Man könnte nun darüber diskutieren, wie kurz eine Zivilisation vom finalen Exitus entfernt ist, die Freundlichkeit, Höflichkeit, Respekt, Menschlichkeit und Verständnis als Zeichen von Schwäche fehlinterpretiert. Aber: geschenkt. Verkürzen wir die Sache:

> Es gibt einen Kausalzusammenhang zwischen dem Erfolg eines Teams und der Fähigkeit seines Teamleiters, seinen Teammitgliedern Verständnis zu zeigen.

Welchen?

Verstehen Sie!

Warum weigern sich so viele Führungskräfte, ihren Teammitgliedern, Kunden, Kollegen oder Familienangehörigen Verständnis zu zeigen? Aus zwei Gründen.

Erstens fühlen sich viele Menschen von den Sorgen und Nöten anderer Menschen überfordert. Deshalb gingen viele ursprünglich ins Management. Um Ruhe vor dem Makel der Menschlichkeit zu haben. Zweitens kursiert das Gerücht, dass Zuhören Zeit kostet, die keiner hat. Wir können Raketen zum Mond schießen. Aber wir können Karl nicht mehr zuhören, wenn er Sorgen wegen seines Arbeitspaketes hat. Eine zivilisatorische Bankrotterklärung – aber lassen wir das mal. Denn im Grunde kriegt das jeder hin:

> Selbst wenn Sie Ihre Teammitglieder nicht verstehen:
> Zeigen Sie ihnen Verständnis!

Lea zum Beispiel ist Naturwissenschaftlerin, Kopfmensch und extrem introvertiert. Trotzdem muss sie hin und wieder ein Team übernehmen. Spätestens vor dem ersten Meilenstein versteht sie überhaupt nicht, warum sich einige Teammitglieder völlig unnötig streiten, andere Panik wegen des Termins bekommen und wieder andere patzig am Telefon werden. Sie versteht das einfach nicht, wozu soll das gut sein? Das bringt doch nichts! Aber sie ist genug Naturwissenschaftlerin, um zu ahnen, dass sie das auf keinen Fall sagen oder zeigen sollte.

Wenn sich mal wieder jemand bei ihr am Telefon ausheult, sagt sie nicht: „Ja, sowas regt mich auch immer höllisch auf!" Dazu ist sie nicht in der Lage, weil sie diese Gefühle definitiv nicht nachempfinden kann. Aber sie kann zeigen, dass sie nicht deppert ist, dass sie verstanden hat. Und genau das tut sie, indem sie sagt: „Ich merke, dass Sie das ungeheuer aufregt und auch wütend macht." – „Ja, genau", sagt der Heuler am Telefon. „Ich wusste, dass Sie mich verstehen." Das tut Lea definitiv nicht. Man könnte ihre rein intellektuell-mechanische Form von Verständnis auch Spiegeln nennen (eine Kommunikationstechnik), aber das ist Haarspalterei. Wichtig ist allein, dass sich die Gesprächspartner von Lea verstanden fühlen und danach die Produktivität wieder steigt. Allein deshalb sollte jeder Virtual Leader seine Fähigkeit, Verständnis zu zeigen, jeden Tag mehrfach trainieren – und die Früchte seines Verständnisses genießen. Genießen Sie!

In aller Kürze: Stark im Konflikt

- Ihr Projekt läuft nicht so, wie es sollte? Spüren Sie latente Konflikte auf! Konflikte sind Leistungskiller!
- Je besser sich Ihre Teammitglieder persönlich kennen, desto weniger Konflikte gibt es (Beißhemmung).
- Also sorgen Sie für ausreichend Gelegenheit zum persönlichen Kennenlernen und laufenden Austausch (Kick-off, Wall of Fame, Intranet-Chatroom …).
- Klären Sie umfassend, eindeutig und für alle verständlich die 3 Z: Ziele, Zielkriterien und Zuständigkeiten. Diese Kontextfaktoren vermeiden Konflikte.
- Vereinbaren Sie mit Ihrem Team die Cohn-Regel: Störungen immer sofort ansprechen!
- Provozieren Sie selbst keine Konflikte durch unbedachtes Verhalten. Reden und handeln Sie so, dass kein Teammitglied schlecht dabei aussieht. In der Beziehungspflege gilt Nullfehlertoleranz.
- Erschrecken Sie ruhig vor Konflikten – und dann fokussieren Sie bewusst auf die Chancen, Herausforderungen und Aufgaben des Konfliktes. Wie ein Torschütze beim Elfer. Man konzentriert sich nicht darauf, was passiert, wenn man vorbeischießt. Man konzentriert sich auf den unhaltbaren Schuss.
- Beobachten Sie die „Rauchzeichen", die ersten Symptome von heraufziehenden Konflikten – und intervenieren Sie!
- Konflikte sind Holschuld, keine Bringschuld!
- Klären Sie Sachkonflikte, bevor sie persönlich werden!

- Bremsen Sie Team-Tyrannen, indem Sie sie für ihr herausragendes Engagement loben und sie dann bitten, direkt an Sie zu berichten.
- Wenn sich die Leute mal wieder thematisch verirrt haben, stellen Sie die Ziel-Frage: „Bringt uns das unseren Zielen näher?"
- Wenn Sie irgendwo auf Konfliktsignale stoßen: Audiatur et altera pars. Hören Sie vor jeder Intervention immer zuerst die andere Partei an!
- Konsens statt Kompromiss!
- Achten Sie auf besonders sensible Mitglieder und geben Sie ihnen kurz aber intensiv Verständnis.
- Wachsen Sie an Konflikten! Konflikte sind fruchtbare Entwicklungschancen.

> „Denn unsere Studien zeigen, dass Teamarbeit kein Selbstläufer ist. Es bedarf bestimmter Fähigkeiten, um produktiv im Team arbeiten zu können."
>
> Prof. Guido Hertel von der Universität Münster
> in der Süddeutschen Zeitung, 21.7.2012

9 Integrier dein Team!

Der Elefant im Wohnzimmer

Von Fritz Perls, dem Mitbegründer der Gestalttherapie, stammt der Ausspruch:

> „One of the most difficult things is to see the obvious."

Das Phänomen ist auch bekannt unter der Bezeichnung „Der Elefant im Wohnzimmer, den keiner sieht." Was ist der Elefant im Wohnzimmer von virtuellen Teams? Was tippen Sie?

Richtig geraten, es ist die Entfernung. Startet ein virtuelles Teamprojekt, wird viel über Terminpläne, finanzielle Ausstattung, Meilensteine, Ziele, Zielkriterien, Zuständigkeiten und Arbeitspakete geredet. Niemand erwähnt, dass schon am nächsten Tag Hunderte, wenn nicht Tausende Kilometer zwischen den Teammitgliedern liegen. Jede(r) tut so als wäre Entfernung überhaupt kein Problem und reißt lahme Sprüche wie „Wozu gibt es schließlich Telefon?". Eine amüsante Frage. Fragen Sie mal Franka.

Franka trifft sich Dienstagmorgen um 9 Uhr in Frankfurt mit dem Kunden ihres Projektes. Das Projekt entwickelt eine neue Software für die Navigation von Business-Jets. Große Teile des Codes schreiben die New Yorker Kollegen. Diese haben am Vortag hoch und heilig versprochen, den aktuellen Bericht zum Stand der Entwicklung noch über Nacht reinzumailen. Als Franka um 8 Uhr ins Büro kommt, bimmelt der Bericht tatsächlich in ihrer Mailbox. Sie liest ihn. Sie hat zwei, drei Fragen dazu. Sie ruft in New York an. Keiner geht ran. Franka verflucht „ die Amis, wo stecken die bloß, wenn man die mal braucht?" Ja, wo wohl? Erraten Sie's?

Erstaunlich wenige kommen drauf. Franka errät die Antwort in der Hitze des Stressmoments noch viel weniger: Wenn es in Frankfurt 8 Uhr morgens ist, ist es in New York zwei Uhr in der Nacht. Wo sind also „die Amis", wenn Franka sie braucht? Im Bett. Wie viele solcher absolut vermeidbaren, produktivitätskillenden und vom Teamleiter meist nicht bemerkten Vorfälle muss es geben, bis der Teamleiter endlich erkennt:

> **Distance matters!**

„An die Zeitverschiebung hätten wir eigentlich denken können", sagt Franka hinterher. Hinterher. Warum nicht schon beim Projektstart? Weil über Virtualität und Entfernung konsequent nicht gesprochen wird. Keiner spricht über den Elefanten. Man tut so als ob sich die größten Entfernungen irgendwie von alleine regeln. Tun sie nicht:

> **Manage distance!**

Ihre Teammitglieder sind weit verstreut. Damit aus ihnen ein Team wird, müssen sie zu einer Einheit integriert werden. Von wem? Von Ihnen, dem großen Integrator. Wie? Indem Sie die Entfernung überbrücken. Womit? Mit einem Medienplan. Damit beginnen Sie.

Ihr Medienplan

Man hätte Frankas Missgeschick ganz einfach vermeiden können. Wie? Kommen Sie drauf? Richtig: Franka hatte eine Telefonliste, aber ohne Angabe der Zeitzonen. „Sowas muss man als Teammitglied auch so wissen!", höre ich hin und wieder. Entschuldigung, aber worüber reden wir hier? Über Wunschträume oder die wirkliche Welt? Natürlich wünscht sich jeder Teamleiter, dass Franka „auch so drauf kommt". Aber das ist ein frommer Wunsch. In der wirklichen Welt übersehen Teammitglieder in der Hitze der Hektik oft und gerne solche „Details" wie die Zeitzonen. Das kostet dann immer wieder unnötig verplemperte Stunden und Tage, die man sich ganz einfach hätte ersparen können. Indem man in der Übersicht über die verschiedenen zur Verfügung stehenden Medien (Telefon- und Videokonferenz, Intra- und Internet, E-Mail und Snail Mail, Fax, SMS …) solche Details festhält. Damit sie jede(r) lesen kann.

> Es reicht nicht, verschiedene Medien einzusetzen. Nicht einmal das Telefon funktioniert als Medium, wenn Sie nicht exakt vereinbaren, wie welches Medium von wem wozu genutzt werden sollte.

Franka hat am selben Dienstag ein weiteres Aha-Erlebnis. Sie ruft extra in New York an, um wenigstens nach ihrem Kundentermin die offenen Fragen klären zu können: „Besser spät als nie." Die Entwickler sind gerade alle in einem Meeting. Sie erreicht eine Assistentin, der sie ihre Fragen weitergibt. Einige Stunden später treffen Antworten per E-Mail ein, die alles andere beantworten, bloß nicht Frankas Fragen. Franka ruft jetzt noch erboster in New York an. Endlich bekommt sie einen der US-Entwickler ans Telefon. Dieser sagt: „Franka, wenn du etwas Wichtiges von uns willst, dann ruf uns nicht an! Wir gehen grundsätzlich nicht ans Telefon, sonst kommen wir hier zu nichts. Und unsere Assistentin versteht zu wenig von der Materie, um dezidierte Anfragen weiterzugeben. Mail uns deshalb lieber und markiere deine Mail mit Top-Priorität. Solche Mails beantworten wir binnen 60 Minuten." Jetzt plötzlich redet man über den Elefanten. Jetzt, nachdem das Porzellan bereits zerschlagen ist.

Franka ist richtig sauer. Aber nicht auf „die verdammten Amis", sondern auf ihren Teamleiter: „Warum hat man mir das nicht vorher gesagt?" Weil ihr Teamleiter noch nie einen Medienplan aufgestellt hat. Er dachte, das regelt sich irgendwie von selbst, schließlich kann jeder(r) ein Telefon bedienen ... Wenn es nicht so traurig wäre, wäre es richtig lustig: Virtuelle Teams werden von den lächerlichsten Hindernissen aufgehalten. Etliche davon kann ein Medienplan aus dem Weg räumen. So ein Plan regelt:

- Welches Medium verwenden wir für bloße Information im Team? Welches für Entscheidungen, Feedback, Dokumentation, Konfliktklärung, Notfälle, Planabweichungen, Teampflege, persönlichen Austausch ...?
- Welches Medium verwenden wir bei welchen Ansprechpartnern, damit wir die gewünschten Antworten in der gewünschten Qualität und Form bekommen?
- Wie schnell sollte auf jedes Medium geantwortet werden? Zum Beispiel: E-Mails immer binnen 24 Stunden beantworten – zumindest vorläufig oder teilweise.
- Auch das bitte im Medienplan festhalten: Wer ist wann – ein-

gerechnet eventueller Zeitverschiebungen – verbindlich zu erreichen (s. a. Kapitel 7)?
- Wer aktualisiert den Medienplan regelmäßig? Denn ständig ändert sich etwas.

Warum wird der Medienplan so selten aufgestellt? Richtig, weil das Aufwand macht. Seit wann ist das eine zulässige Ausrede? Atmen macht auch Aufwand ... Eine andere Ausrede: „Keine Zeit!" Das sagen meist jene Leute, die sich keine zehn Minuten für eine Aktualisierung des Medienplans nehmen und dafür stundenlange Missverständnisse und fehlende Erreichbarkeit von Teammitgliedern in Kauf nehmen. Wo ist da die Logik? Der Medienplan ist eine relativ aufwandsarme Investition. Aber dazu muss man schon das Investitionsprinzip verstanden haben: Heute einen Euro investieren, um morgen 1,20 Euro zu kassieren. Es gibt aber noch einen Grund, warum Teammanager selten einen Medienplan aufstellen. Erraten Sie ihn? Wer versäumt besonders oft die Aufstellung eines Medienplans?

Jene Teamleiter, die bislang nur herkömmliche Projektteams gemanagt haben. Sie kommen oft nicht einmal auf die Idee, weil es in konventionellen Teams eben ganz selten einen Medienplan gibt. Fallen Sie nicht auf die Macht der Gewohnheit herein! Einer der Unterschiede zwischen herkömmlichen und virtuellen Teams ist eben: Virtuelle Teams brauchen einen Medienplan!

Vereinbaren Sie Guidelines!

Die Entwickler in New York (s. o.) sagten Franka: „Dringendes immer nur per E-Mail mit Ausrufezeichen! Wir gehen nicht ans Telefon!" Als sie jedoch in Spanien anruft, lacht Alejandro bloß: „Bitte nicht! Wir schauen nur zweimal am Tag in unsere Mailbox – sonst kommen wir hier zu nichts! Wenn Sie etwas Dringendes reinmailen, dann machen Sie bitte einen telefonischen Lockruf, damit wir in die Mailbox schauen!" Franka tobt: „Das kann ich mir doch unmöglich alles merken! Das muss doch irgendwo geregelt sein!" Ja, klar, eben im Medienplan anhand von sogenannten Richtlinien, die in der globalen Welt Guidelines genannt werden. Zu den wichtigsten Guidelines gehören:

- Regeln Sie: Dringendes immer nur … (telefonisch, per E-Mail mit Priorität, per E-Mail mit vorausgehendem/nachträglichen Telefon-Lockruf …).
- Die Übermittlung wichtiger Nachrichten, Daten oder Pläne muss immer sofort nach Erhalt bestätigt werden. Warum? Damit bei Irrläufern unnötiger Zeitverlust vermieden wird und damit der Absender weiß: Das läuft ab sofort!
- Telefonische Absprachen müssen vom Nutznießer der Absprache schriftlich protokolliert und verschickt werden. Mündliches allein ist nicht bindend.
- Wer sein Telefon auf einen Kollegen umstellt, muss nicht nur diesen davon informieren (ein häufiges Versäumnis), sondern auch alle Teammitglieder. Damit diese nicht aus allen Wolken fallen, wenn sie einen fremden Namen hören.
- Zustandsbeschreibungen (z.B. „Der Zündzeitpunkt des Aggregats hat sich beim Test verschoben") sind nötig aber nicht ausreichend. Wenn etwas vom Empfänger der Nachricht erwartet wird, dann muss diese eine klare Bitte enthalten, zum Beispiel: „Bitte schicken Sie uns noch heute die Tabelle zur Nachjustierung!"
- Alle Mitteilungen so lang wie nötig, aber so kurz wie möglich. Einige Teams vereinbaren tatsächlich: E-Mails nie länger als eine Bildschirmhöhe, Telefonate (exklusive Telkos) maximal zehn Minuten.
- Der Status einzelner Projektbereiche und Arbeitspakete wird via Intranet tagesaktuell veröffentlicht.
- Bestimmen Sie im Konsens ein Teammitglied, dass sowohl Medienplan als auch Guidelines dokumentiert und aktualisiert.

Wozu die letzte Guideline? Nun, wir reden in diesem Kapitel über die Integration von Einzelkämpfern zum Team. Wer aber den ganzen Tag nur vor seinem eigenen Arbeitspaket sitzt, der ist und bleibt ein Einzelkämpfer: isoliert.

> **Isolation ist das Gegenteil von Integration. Und Integration ist Motivation.**

Wer sieht, was rechts und links von ihm vorgeht, der behält The Big Picture im Auge und entwickelt dabei das für den Projekterfolg nötige Wir-Gefühl. In diesem Punkt können konventionelle Teams von virtuellen Teams lernen: Auch herkömmliche Teams werden besserintegriert und motiviert, wenn jederzeit umfassende Transparenz bezüglich des Status einzelner Projektteile gewährleistet ist: Investieren Sie in diese Transparenz.

Der Takt der Integration

Viele Teamleiter verwechseln Teamleading mit einer Ehe. Nachdem das Ja-Wort gesprochen ist, überlässt man den Partner und die Ehe größtenteils sich selbst: „Das läuft ja jetzt." Pustekuchen, wie die Scheidungsrate beweist. Das Gegenteil ist der Fall:

> **It works, if you work it!**

Erfahrene Teamleader wissen, dass Ehen und Teams nur dann gelingen, wenn sie fortlaufend integriert werden. „Aber ich kann meiner Frau doch nicht jeden Tag Blumen mitbringen!", protestiert der Ehemann. Der Teamleader protestiert ähnlich: „Wie oft muss ich denn mit meinem Team Kontakt aufnehmen?" Das ist die Frage nach dem Takt der Integration. Wie viel ist genug? Darauf gibt es eine einfache Antwort: je nach Phase (s. Kapitel 5).

- Forming: Tägliche Kommunikation zwischen Teamleiter und Team ist sinnvoll und hilfreich.
- Storming: Wenn es heiß hergeht, ist die Präsenz des Teamleiters essenziel. Das heißt: Nach wie vor täglich. Doch je heißer das Storming abläuft, desto eher und öfter sollten Sie auch mehrmals täglich synchrone Medien zur Teamkommunikation einsetzen wie Telefon, Telko, Video-Konferenz.
- Norming: Je besser das Storming gemanagt wurde, desto stärker können Sie jetzt schrittweise den Takt reduzieren.
- Performing: Der Teamleiter sollte immer gut erreichbar sein, muss aber nur noch selten von sich aus Kontakt herstellen.

Ein Spezialproblem der Integration sind neue Teammitglieder, die ins Team integriert werden sollen: Mit ihnen sollten Sie öfter face to face reden. Haben Sie dafür keine Gelegenheit, ernennen Sie einen „Buddy", der die Einführung des neuen Mitglieds stellvertretend für Sie übernehmen kann.

Was ist übrigens der Königsweg der Integration? Er kommt mit einem Wort aus: Anerkennung.

> Anerkennung integriert Teams optimal.

Damit erledigt sich auch teilweise die Frage, was Sie denn mit Ihrem Team besprechen sollten: Es findet sich immer ein Grund zur Anerkennung. Ich weiß, normalerweise sehen und erwähnen wir immer nur das, was nicht gut läuft. Aber auch das ist reine Gewohnheitssache. Sie können sich ebenso gut angewöhnen, (auch) die guten Dinge zu sehen – und anzuerkennen. Geben Sie sich den Ruck und die Chance …

> Sein Team zu integrieren kostet zwar am Anfang etwas Überwindung, aber wenig Zeit und Aufwand. Vor allem: Nach den ersten Gehversuchen macht es Spaß und Sie bekommen immer mehr das Gefühl: Mein Team ist fully integrated!

Warum ist Anerkennung der Königsweg der Integration? Zum einen lebt der Mensch nicht nur vom Brot allein. Zum anderen leiden Menschen bereits in der Linie unter Anerkennungsdeprivation (vorenthaltener Anerkennung). Anerkennung motiviert, integriert und verbessert die Stimmung. Ein Phänomen, das wir unbedingt näher beleuchten sollten.

Setting the Mood

Nehmen wir an, Sie gehen ins Teammeeting und sehen schon beim Reingehen: „Au weia, Kollege Müller ist heute mies drauf!" Was tun Sie? Natürlich: Sie fassen den Kollegen mit Samthandschuhen an, nehmen Rücksicht auf seine Stimmung, reizen ihn nicht auch noch zusätzlich. Denn Sie wissen ganz genau, was passiert, wenn Sie das nicht tun. Es gibt Ärger, Friktionen, Stimmungsabsturz und Produktivitätsverlust. Und jetzt das virtuelle Team: Woher wollen Sie bei einer Telko wissen, ob Müller heute mega-mies drauf ist?

> In virtuellen Teams kommt es gehäuft zu Stimmungskarambolagen.

Weil die Wahrnehmung und das Feedback fehlen. Da Sie via Telefon oder E-Mail nicht wirklich gut herausfinden können, wie das Gegenüber gestimmt ist, ist ganz wichtig, was die Amerikaner „setting the mood" nennen; eine bestimmte Stimmung herstellen.

> **Gebot für alle virtuellen Kontakte: Stimmen Sie Teammitglieder positiv ein!**

Genauer:

> **Erst die Stimmung, dann die Sache!**

Erfahrene Virtual Leader beginnen einen virtuellen Kontakt immer mit einer positiven Meldung, einem noch vor Termin abgeschlossenen Arbeitspaket, einem (seltenen) Lob vom Lenkungsausschuss oder vom Kunden, einem technischen Durchbruch ... Kommen Sie! Irgendwas fällt Ihnen sicher ein! Amerikanische Teammitglieder und -manager können das sehr gut, oft *zu* gut. Ein deutscher Ingenieur beschwerte sich mal: „Diese US-Cowboys! In jeder Video-Konferenz machen die eine halbe Stunde lang Witze und verbreiten Humor! Bis wir dann den Status diskutiert haben, bleibt oft keine Zeit mehr für unsere technischen Fragen!" Das ist natürlich das andere Extrem: zu viel gute Stimmung. Aber niemand zwingt Sie, in Extreme zu verfallen. Wählen Sie den goldenen Mittelweg.

Desinformation ist Desintegration!

Alexandra beschwert sich bei Teamleader Marnie: „Ich übernehme gerade das Arbeitspaket von Shane und stelle fest: Es wurden drei von acht Spezifikationen geändert! Warum erfahre ich das jetzt erst?" Ja, klar: Weil Marnie und Shane dachten, dass Alexandra es noch früh genug erfährt, wenn das Paket übergeben wird. Oder weil Marnie und Shane derart im Stress waren wegen der Änderung der Spezifikationen, dass sie genug damit zu tun hatten, ohne „allen möglichen Leuten" auch noch davon zu erzählen. Beiden Erklärungen gemein ist die fatale Unterschätzung der Information:

> Information ist Integration!

Schlecht informierte Teammitglieder reagieren sauer, gehen in den Konflikt (s. Kapitel 8) und halten den Verkehr auf. Gut informierte Teammitglieder sind dagegen gut integriert. Sie fühlen sich als Teil eines Ganzen und verhalten sich auch so. Umgekehrt wirkt Desinformation ebenso stark. Wer mangelhaft informiert wird

- kann wegen objektiven Info-Mangels seine Arbeit nicht optimal erledigen.
- fühlt sich hintergangen, vergessen und ausgeschlossen und reagiert deshalb mit Motivationsverlust: „Seht zu, was ihr davon habt, wenn ihr mich ignoriert!"
- kann sich in einem virtuellen Team nicht mal schnell die nötigen Informationen in der Kaffeeküche oder beim Watercooler informell abholen.
- fühlt sich verunsichert und in virtuellen Teams gilt: Unsicherheit ist Gift.

> Zu spät oder unvollständig informierte Teammitglieder desintegrieren!

Aber man kann doch als Teamleader nicht ständig E-Mails und Mitteilungen raushauen und „über jeden Furz" informieren, wie mir eine empörte Teamleiterin mal vorhielt. Doch. Kann man. Wenn man sich Kurzmitteilungen angewöhnt: „Für alle: Drei von acht Spezifikationen von Shanes Arbeitspaket mussten geändert werden. Sorry, ließ sich nicht vermeiden – der Kunde war auf 180, weil er unbedingt noch eine weitere Anwendung drinhaben wollte. Details siehe Anhang. Euer Teamleiter." Das ist kurz, knapp, knackig, informativ und integrativ. So kommunizieren exzellente Teamleiter. Warum beherrschen das nur so wenige?

Weil die meisten von uns in konventionellen Teams groß geworden sind. Da betrieb der Teamleiter meist keine integrative Information. Weil es unnötig ist? Nein, weil es nötig ist, diese Notwendigkeit meist aber über die informelle horizontale Kommunikation (Kaffeeküche, Watercooler) erfüllt wird: den Flurfunk. In virtuellen Teams funktioniert dieser Flurfunk wegen der großen Entfernungen nicht. Also muss der Teamleiter den „Flurfunk" übernehmen. Funken Sie!

Vermeiden Sie Medien-Monokultur!

Wir alle haben ein Lieblingsmedium. Der eine greift bei jedem Anlass sofort zum Telefonhörer, die andere mailt viel lieber und eher. Wir alle haben unsere Vorlieben. Wenn das ausreichen würde, dann bräuchte man zur Leitung eines Teams also nichts weiter als ausgeprägte Vorlieben. Schön wär's ja … Tatsächlich braucht es zur Teamführung etwas mehr Kompetenz:

> Die Wahl Ihres Mediums sollte nicht von Ihren Vorlieben abhängen, sondern von den Erfordernissen der Situation und den Vorlieben Ihres Adressaten.

Sonst stört das die Kommunikation, die Motivation, die Produktivität und die Integration doch gewaltig. Stellen Sie sich vor, Sie schicken eine E-Mail an ein Teammitglied – und noch beim Lesen fallen dem Teammitglied fünf Fragen dazu ein: Telefon wäre besser gewesen. Umgekehrt beschweren sich viele Teammitglieder: „Der Teamleiter ruft mich dauernd an und quatscht mir das Ohr blutig und ich komme nicht hinterher, das alles am Telefon mit zu notieren. Kann der mir nicht vorab oder stattdessen eine Mail schicken?"

> Achten Sie bewusst mal auf Ihre Tendenz zum Lieblingsmedium!

Nicht Ihre persönliche Neigung sollte Ihre Medienwahl determinieren, sondern die Erfordernisse der Situation und die Wirksamkeit der Kommunikation:

- E-Mail ist ein sogenanntes Einweg-Medium: Der Empfänger steht mit etwaigen Rückfragen erst mal im Regen und muss Däumchen drehend auf Antwort warten.
- Und die meisten E-Mails verlangen fast zwangsläufig nach Antwort – wie die Kommunikationsforscher zu berichten wissen: Ein E-Mail transportiert nämlich nur – was raten Sie? Wieviel Prozent unserer Kommunikationsinhalte? Die wenigsten kommen darauf: nur sieben Prozent. Eben weil die komplette nonverbalen Kommunikation beim E-Mail wegfällt. Deshalb greifen die Menschen auch so oft zu Smileys und anderen „Emoticons": Das ist

hilflos, naiv und wenig effektiv. Ein Smiley ersetzt nicht einmal annähernd die Mimik eines echten Gesichtes.
- Benutzen Sie E-Mail also nur, wenn Sie lediglich informieren wollen, wenn voraussichtlich keine Fragen auf die Information zu erwarten sind oder wenn die Empfänger gerne auf die Antworten zu Ihren Fragen warten können.
- Benutzen Sie Zweiweg-Medien (Telefon, Telko, Videokonferenz, Echtzeit-Chat …) immer dann, wenn Sie mit spontanen Rückfragen rechnen können.

Das sind super-triviale Tipps. Niemand ist davon intellektuell überfordert. Und trotzdem ist der Projektalltag voll von Teamleitern und Teammitgliedern, die „kryptische E-Mails reinbomben und dann nach Diktat verreist sind und wir sitzen hier und zerbrechen uns den Kopf und die Arbeit bleibt liegen und am Ende sind wir dann an der Verspätung schuld!" wie ich ständig von Teammitgliedern höre. So hört sich Desintegration an. Weil die korrekte Wahl des Kommunikationsmediums ein so entscheidender Produktivfaktor für (virtuelle) Teams ist, befassen wir uns detailliert damit in den Kapiteln 10 bis 12.

Management on the Fly

Ein deutsches Unternehmen hat nach der Jahrtausendwende einen hohen Millionenbetrag beim Aufbau eines Standorts in Südamerika verloren. Den Aufbau führte ein multinationales Team aus. Wie üblich in solchen teilweise virtuellen Teams ging mächtig viel schief. Als schließlich Köpfe rollen sollten, kam auch heraus: Der Teamleiter leitete das Projekt aus der deutschen Konzernzentrale heraus. Als immer mehr daneben ging, entschloss er sich endlich, persönlich mal in Südamerika vorbei zu schauen.

Er flog hin und *überflog* die Großbaustelle im Hubschrauber. Das Gelächter in der wirtschaftspresse-lesenden Bevölkerung war größer als das im Management. Denn im Management wusste jeder: „Wir haben weder Zeit noch Geld, um in der Welt herum zu jetten. Außerdem haben wir virtuelle Teams doch auch gerade deshalb einberufen, damit man sich nicht ständig persönlich sehen muss!" Das alles sind gute Gründe. Am besten bringt das der Chef-Controller eines Schweizer Unternehmens auf den Punkt: „Wissen Sie, was Flugtickets heutzutage kosten?" Pikanterweise gab ihm in einer Sitzung der Geschäftsleitung der CEO darauf die Antwort per Rückfrage: „Und wissen Sie, was es uns kostet, wenn virtuelle Teamleader *nicht* fliegen, wenn sie fliegen sollten?" Genau das ist das Kalkül:

> Übersteigt der potenzielle Schaden den Preis eines Flugtickets – fliegen Sie!

Dass Teamleader aus Kostengründen grounded bleiben, ist ohnehin nicht haltbar. Wenn ich Teams betrachte, die mit ähnlichen Budgets ähnliche Projekte in ähnlich kostenrestriktiven Unternehmen leiten, dann fällt mir auf, dass die Flugmeilen unter diesen vergleichbaren Bedingungen nicht vom Budget oder der Unternehmenspolitik abhängen, sondern viel stärker von den Vorlieben des Projektleiters:

> Reiselustige Projektleiter fliegen häufiger, „Stubenhocker" seltener.

Was sind Sie? Achten Sie darauf, dass Ihre persönliche Neigung nicht Ihren Projekterfolg torpediert! Es gibt noch einen Grund, warum viele Teamleader grounded bleiben. Etliche Topmanager meinen: „Virtuelle Teams sparen Kosten!" Also darf keiner fliegen, weil das kostet ja. Das ist Pseudologik. Denn dass virtuelle Teams Kosten sparen, ist eine Erwartung. Dass sie das tatsächlich tun, konnte bis heute niemand beweisen ...

Trigger Management

Was regt Ihren Chef auf? Womit bekommen Sie ihn zuverlässig auf 180? Wir allen wissen, bei welchen Themen unsere Vorgesetzten an die Decke gehen. Das nennt man „wunde Punkte" oder neuhochdeutsch „Trigger" (wörtlich: Abzug einer Waffe). Jeder Mensch hat grob geschätzt ein gutes Dutzend solcher Trigger pro Kontext. In konventionellen Teams ist das problemlos.

> Wenn Sie in einem herkömmlichen Team versehentlich den Trigger eines Teammitglieds aktivieren, merken Sie das in einem Präsenzmeeting schnell am Gesichtsausdruck Ihres Gegenübers und können es mit einer entschuldigenden Geste wiedergutmachen. In virtuellen Teams fehlt Ihnen sowohl das eine (Wahrnehmung) als auch das andere (schnelle Wiedergutmachung).

Deshalb kommt es in virtuellen Teams sehr viel öfter und heftiger zu versteckten und offenen Verstimmungen. Sie drücken versehentlich und vor allem von Ihnen unbemerkt den Trigger eines Teammitglieds und das Teammitglied sitzt nach der Telko dann tagelang Hunderte Kilometer von Ihnen entfernt und kann einen richtigen Hass auf Sie und das „Sch...projekt" aufbauen. Was tun? Eine sehr erfahrene virtuelle Teamleiterin verriet mir vor Jahren ihr Rezept:

> Jede(r) hat seine/ihre wunden Punkte. Notieren Sie nach und nach jene Ihrer Teammitglieder (Kunden, Auftraggeber, Mitglieder des Lenkungsausschusses …) auf Karteikarte oder Datei und konsultieren Sie diese Trigger-Profile regelmäßig und vor jeder Kommunikation. Es zahlt sich aus.

Ganz fortschrittliche Teams legen diese Profile sogar offen. Idealerweise bei der ersten Sitzung oder dem Kick-off. Das geht wunderbar an der (virtuellen) Pinnwand mit sogenannten Hass-Kärtchen: „Mich stört es total, wenn ich auf CC gesetzt werde und nach drei Seiten feststelle, dass es völlig uninteressant für mich ist!", „Ich mag es nicht, wenn Marketing-Leute ihr Fachchinesisch verbreiten!" Solche Kärtchen sorgen in der Runde kurzfristig für viel Erheiterung und langfristig für konfliktarme Kommunikation, starke Integration und für friedliche Trigger.

Der große Integrator

Ich stelle immer wieder fest: Es gibt einige wenige Teamleader, denen die Integration ihrer Teams leicht fällt. Weil sie kontaktstark, reisefreudig und kommunikationskompetent sind. Von Haus aus. Die haben das einfach drauf. Die freuen sich, jeden Tag mit einer wechselnden Handvoll von Teammitgliedern zu kommunizieren. Den meisten anderen fällt das schwer, weshalb sie die Integration vernachlässigen: „Mir liegt das einfach nicht! Ich arbeite lieber an Sachthemen." Denen stelle ich gerne die Frage:

> Liegt Ihnen eigentlich Zähne putzen? Macht Ihnen das Spaß?

Sicher nicht. Und trotzdem tun Sie es. Das ist der springende Punkt: Scheiß auf den Spaß – manche Dinge müssen einfach gemacht werden.

Zum Beispiel, die Entfernung im virtuellen Team zu überbrücken. Machen Sie es. Nur ein kleines Bisschen hilft schon mehr als der fade Spruch „Mir liegt das einfach nicht!" Machen Sie ein halbes Dutzend ernst zu nehmender Versuche und beobachten Sie: Je öfter Sie das machen, desto besser werden Sie darin und desto mehr Spaß haben Sie auch dabei. Vor allem, wenn Sie erkennen, dass gut integrierte Teams einfach bessere Leistung bringen.

In aller Kürze: Integrieren Sie!

- Distance matters! Manage distance!
- Erster Schritt, um die Entfernung im virtuellen Team zu überbrücken: Medienplan aufstellen! Guidelines vereinbaren!
- Richten Sie die Häufigkeit Ihrer integrativen Teamkommunikation nach der Phase der Teamentwicklung, in der sich Ihr Team momentan befindet.
- Bei jeder Kommunikation gilt: Set the Mood! Erst für gute Stimmung sorgen, dann das Sachthema ansprechen.
- Gut informierte Teammitglieder sind gut integrierte Teammitglieder!
- Machen Sie die Wahl Ihres Kommunikationsmediums nicht von Ihren Vorlieben abhängig, sondern von der Situation!
- Fliegen Sie lieber einmal zu viel als einmal zu wenig!
- Legen Sie Trigger-Profile Ihrer Teammitglieder an und verteilen Sie Hass-Kärtchen im Team.
- Selbst wenn Sie kein großer Kommunikator sind: Es reicht, wenn Sie jeden Tag ein wenig besser werden bei der Überbrückung der Entfernungen im Team.

„Dass man ein Telefon bedienen kann, heißt noch lange nicht, dass man es auch adäquat benutzen kann."

Morten O., Vorstandsmitglied

10 Ruf an!

Scheidung per SMS

Alle regen sich auf, wenn wieder mal ruchbar wird, dass jemand seine Beziehung per SMS beendet hat. „Das hat kein' Stil! Das macht man nicht! Das ist respektlos!", sagen dann die Leute, schütteln den Kopf, wenden sich wieder ihrer Arbeit zu und schicken eine E-Mail an den virtuellen Teamkollegen, die diesen die kahle Wand hochtreibt. Wir haben das Thema bereits gestreift (s. Kapitel 9). Das reicht nicht.

Denn wir alle leiden unter der Mail-Flut. Ich kenne Manager, die bekommen im Schnitt 500 Mails – am Tag! „Und die Hälfte davon treibt mich in den Wahnsinn!", wie eine genervte Innendienstleiterin klagt. Warum? Aus einem einfachen Grund:

> Das geschriebene Wort ist immer missverständlich.

Auch das Wort auf dieser Buchseite übrigens. Aus einem einfachen Grund:

> Ein Text kann keine Rückfragen beantworten.

Das wissen wir und das regt uns alle ziemlich auf – wenn wir selber E-Mails *bekommen*. Wenn wir sie *verschicken*, vergessen wir unseren Frust ganz schnell und begründen unseren Medienfehlgriff mit Argumenten wie: „Telefonisch ist heutzutage keiner mehr erreichbar! Also muss ich doch praktisch per E-Mail!", „Ist doch egal, ob ich maile oder anrufe!", „Wenn ich eine halbe Seite maile, dann kann ich mir die ganzen Diskussionen am Telefon sparen!" Die letzte Ausrede lässt den wahren Grund für die Mail-Flut erkennen:

> Wer keine Lust auf echte Kommunikation hat, wer kein Nachfragen zulassen möchte, wer schlechte Nachrichten zu überbringen hat und nicht darauf erpicht ist, die oft belastenden Reaktionen der Rezipienten erleben und dann behandeln zu müssen (was viele nicht wollen oder können) – der mailt eben.

Viele Projektleiter verraten mir hinter vorgehaltener Hand: „Klar, ich könnte und müsste das Teammitglied eigentlich jetzt anrufen. Aber dann krieg ich seinen ganzen Frust ab!"

Die E-Mail ist die eleganteste Art, jemanden mundtot zu machen nach der Methode: „Ich will nicht hören, was du zu sagen hast!" Das macht die E-Mail zum echten Medium für Mutlose und Kommunikationsindolente. Das geben viele von ihnen auch unumwunden zu und das verstehe ich. Wer würde das nicht verstehen? Aber das ist leider auch das Gegenteil von Führungs-, Kommunikations-, Team-, Sozial- oder jeder anderen Kompetenz. Wenn jemand kein' Bock mehr hat, nach zehn Ehejahren mit seinem Ehepartner zu reden, dann ist das *eine*

Sache. Wenn aber jemand am Arbeitsplatz oder in einem Team oder gar in einem virtuellen Team lieber mailt als telefoniert, dann ist das schlicht Arbeitsverweigerung und Selbstsabotage, denn:

> Das Gegenteil von Kompetenz ist nicht Inkompetenz, sondern Feigheit. Wer Mut hat, kann gar nicht inkompetent bleiben.

Wer Mut genug für gutes Management und echte Kommunikation hat, dem leuchtet sofort ein:

> Für heikle Dinge gilt: Niemals per E-Mail!

Ein falsches Medium der Kommunikation desintegriert (s. Kapitel 9) das Team. Es demotiviert und beraubt das Gegenüber der Möglichkeit, Fragen zu stellen und sie schnell beantwortet zu bekommen. Aber Menschen sind heutzutage telefonisch kaum noch erreichbar? Nicht im virtuellen Team. Genau dafür gibt es die Regelung der Erreichbarkeit (s. Kapitel 7) und den Medienplan (s. Kapitel 9). Außerdem kann man immer noch eine Lock-Mail schicken: „Möchte Sie heute unbedingt noch telefonisch sprechen. Bei mir passt es zwischen 10 und 12 und zwischen 15 und 17 Uhr. Wann bei Ihnen?" Das leuchtet ein?

Dann sind Sie, rate ich mal, bestimmt über 30 Jahre. Großen Teilen der Internet-Generation leuchtet das nämlich überhaupt nicht ein. Sie ist inzwischen im Arbeitsmarkt und stößt auf massive Probleme in und mit virtuellen Teams. Deshalb legen wir kurz eine Exkursion ein zum Thema „Was das Internet nicht kann".

Cyber Mobbing

In den USA und auch in europäischen Ländern nehmen sich Teenager nach Cyber Mobbing das Leben. In virtuellen Teams sind die Folgen des fehlgeleiteten Gebrauchs moderner Medien nicht ganz so fatal, aber schlimm genug. Warum?

Weil ein Posting oder eine E-Mail die Kommunikation eines Senders auf den bloßen Text reduziert. Und das wirkt eben fatal. Mehrabian und Ferris wiesen bereits 1967 in ihrer Studie „Inference of Attitude from Nonverbal Communication in Two Channels" nach, dass die Wirkung einer Kommunikation erzielt wird

- nur zu 7 Prozent durch den Inhalt
- zu 38 Prozent durch die Stimme
- zu 55 Prozent durch die Körpersprache.

Fallen Stimme und Körpersprache bei elektronischen Medien weg, fehlen 93 Prozent der Kommunikation, die ein Mensch gewohnt ist. Diese Lücke füllt er dann prompt mit seinen Projektionen aus. In der realen Interaktion sieht der Zwölfjährige an Stimme und Körpersprache des Pausenhof-Schlägers unter Umständen noch: „Der Mobber ist eine zutiefst verunsicherte blöde Sau!" Sieht er im Internet beim Posting nur den Text, projiziert er automatisch: „Die hassen mich alle! Ich bin nichts wert! Ich habe kein Recht zu leben!" Okay, das ist Schweinsgalopp-Psychologie, um schnell auf den Punkt zu kommen. Aber der Punkt ist:

> Wenn Sie virtuelle Medien „total geil" finden, weil Sie ein Kind des Internet-Zeitalters sind, dann gehen Sie in virtuellen Teams schneller baden als bei einem Sprung vom Fünfmeterbrett.

Denn dann werden Sie posten, simsen, twittern und mailen, wenn Sie reden, telefonieren, telefon- oder video-konferieren sollten. Nichts gegen das Internet. Aber wie schon Nils Bohr sagte: „Wer nur das kann, kann auch das nicht richtig." Ergo:

> Wählen Sie Ihre Medien weise!

Vor allem, wenn es um Bad News geht. Wohin tendieren dann die meisten Menschen und vor allem die erwachsenen Internet-Kids? Klar, sie mailen. Weil das soo bequem ist, um sich einer ungeliebten Botschaft zu entledigen, ohne die gefürchtete Erwiderung des Adressaten live aushalten zu müssen. Und solche Leute bevölkern oder leiten unsere Teams? O tempora, o mores! Wie ginge es Ihnen dabei?

Wie reagieren Sie, wenn Ihnen Ihr Teamleiter eine schlechte Nachricht per E-Mail reinbombt? Eben. Also warum sollten Sie das ausgerechnet dann vergessen, wenn Sie der Überbringer der Bad News sind?

> Bad News immer persönlich oder telefonisch.

Wer das nicht schafft, ist ein Feigling – entschuldigen Sie meine Offenheit. Ausnahmen gelten nur für außerordentlich kommunikationskompetente Menschen. Von einem meiner früheren Teamleiter bekam ich mal eine E-Mail mit: „Lieber Gary, ich weiß, du wolltest unbedingt noch einen Follow-up-Tag in das Seminar-Design einbauen. Ich hab mich für deine Idee stark gemacht. Aber der Finanzchef war knallhart: no go. Es tut mir wirklich leid. Ich hoffe, du bist mir nicht allzu böse." War ich nicht – wenn man mir so verständnisvoll, nachvollziehbar und charmant absagt. Wenn Sie das so hinbekommen, dürfen Sie das auch per E-Mail machen. Warum mache ich überhaupt so einen Wirbel? Ist doch egal, wie der Empfänger auf eine Mail reagiert! „Geht mich doch nichts an, ob er danach heult", sagte mir mal ein besonders „harter" Teamleiter: „Es kommt auf die Sache an und nicht ob ihm das passt oder nicht!" Dahinter steht die Überzeugung: Kommunikation ist irrelevant! Es kommt nur auf die Sache an!

Diese Überzeugung ist in unserer modernen Welt weit verbreitet. Sie ist fast schon Dogma. Ich tippe mal, Sie lehnen dieses Dogma ab. Wie ich darauf komme? Ganz einfach: Menschen, die keinen Instinkt für Kommunikation haben, lesen keine Bücher über Teamführung. Die Wahl Ihrer Lektüre identifiziert Sie als Angehöriger einer Führungs-Elite. Herzlich willkommen. Wenn wir mehr von Ihrer Sorte hätten, wäre die Welt ein besserer Ort …

Wie der Mensch zu sprechen verlernte

Heikle Themen, Bad News – immer per Telefon, Telko, persönlichem Gespräch oder Videokonferenz! Das steht inzwischen in (fast) jedem Lehrbuch zur Virtual Leadership. Was nicht drin steht: Wenn das so einfach ist, warum macht das dann kaum eine(r)? Warum tobt immer noch die Mail-Flut? Kommen Sie drauf?

Ganz einfach aus zwei Gründen: Ein normaler Mensch hat erstens mächtig Schiss, ein heikles Thema oder schlechte Nachrichten direkt persönlich zu besprechen. Das geht Ihnen und das geht mir so. Und zweitens sind wir normalen Menschen nicht besonders stark darin, heikle Themen zu besprechen: Das entgleist immer so schnell zu Rechthaberorgien, Schuldzuweisungstrips, Rechtfertigungstouren, Endlosdiskussionen, Beziehungshavarien, Konflikten (s. Kapitel 8) und Kill the Messenger: Der Überbringer schlechter Nachrichten wird vom Empfänger erschossen. Kein Wunder wird so viel gemailt! Mit einer E-Mail, denkt man, entzieht man sich dem ganzen Schlamassel. Dem Schlamassel, der da heißt: Ich verdiene gut, ich habe einen tollen Job und einigen Einfluss, ein schönes Auto und was auf der hohen Kante – aber ich kann keine Bad News ohne größeren Unfall rüberbringen.

Ich weiß, dass erstaunlich viele Führungskräfte heutzutage damit ganz zufrieden sind – sicher fallen Ihnen auf Anhieb einige KollegInnen ein. Ich vermute mal, Sie gehören nicht dazu. Sie wollen wirklich was bewegen, jeden Tag noch ein wenig besser werden. Ja? Dann sind die folgenden Absätze nur für Sie.

> Wie kommunizieren Sie heikle Themen? Mit nur zwei Dingen: einem Übermaß an vorauseilendem Verständnis und einem Übermaß an Kürze.

Was machen Menschen, die nie ihre Muttersprache zu beherrschen gelernt haben? Das glatte Gegenteil: Je heikler das Thema, desto heftiger rechtfertigen sie sich für das Überbringen der Bad News (das Gegenteil von Verständnis zeigen) und desto ausschweifender diskutieren sie. Beispiel gefällig?

Marco sagt in der Telko: „Ihr kennt die Marktlage und das neue Kostensenkungsprojekt vom Vorstand (Rechtfertigung). Ich habe wirklich hart gekämpft für uns (dito). Aber es war nichts zu machen (dito). Wir müssen unser Budget schon wieder um zehn Prozent kürzen." Bilanz: Vier Mal Rechtfertigung, null Mal Verständnis. Die Telko versinkt in wütenden Zwischenrufen seiner Teammitglieder. Auch Jennifers Projekt ist von einer Budgetkürzung betroffen.

Jennifer überbringt die schlechte Nachricht anders: „Leute, ihr werdet jetzt gleich an die Decke gehen (Verständnis). Ihr werdet toben (dito).

Ich habe bereits getobt (Super-Verständnis: Mir geht es so wie euch!). Aber es ist nichts zu machen. Wir müssen in den sauren Apfel beißen und unser Budget um 10 Prozent zusammenstreichen." Auch nach dieser Ansage bricht Tumult aus. Aber er ist weit weniger tumultös als bei Marco und vor allem: Er wendet sich nicht gegen die Teamleiterin! Weil:

> Verständnis löst Beißhemmung aus.

Wem Sie Verständnis im Übermaß zeigen, der beißt Sie nicht – oder bedeutend moderater und weniger zeit- und nervenraubend als sonst. Das heißt auch:

> Beschwichtigen Sie nicht. Das reizt Menschen in heiklen Situationen eher noch. Verständnis wirkt sehr viel besser.

Lassen Sie die Leute sich ruhig etwas austoben, ihrem Ärger Luft machen. Sagen Sie nicht: „Leute, kriegt euch wieder ein!" Das eskaliert eher. Zeigen Sie lieber Verständnis: „Ich find das auch zum K ..." Das nennt der Fachmann Pacing: mit den Betroffenen sprachlich mitgehen, sie verbal begleiten. Dann artet das aber in eine Jammerorgie oder Endlosdiskussion aus? Nein, denn das Rezept lautet:

> Pacing & Leading!

Leading bedeutet dann: Übernehmen Sie nach der sprachlichen Begleitung dann wieder die Führung! Deshalb heißen Sie Führungskraft!

Lassen Sie die Teammitglieder verbal ein wenig austoben, dann übernehmen Sie die Führung: „Ich weiß, das ist alles einfach nur schrecklich (Verständnis = Pacing). Was machen wir jetzt? Wie lösen wir das? Wie können wir noch das Beste draus machen? Vorschläge, bitte (Leading)!" Damit führen Sie das Gespräch in die richtige Richtung. Ist gar nicht so schwer, oder? Warum wird das dann so selten gemacht?

Weil die meisten Führungskräfte keine Übung darin haben. Sie kennen das, sie verstehen das, sie haben das zig Mal im Seminar gehört. Sie *kennen* das, aber sie *können* das nicht. Weil sie glauben: „Wenn ich etwas *verstanden* habe, dann *kann* ich das damit auch automatisch." Das ist kein Irrtum, das ist Größenwahn. Nicht einmal Genies können etwas, bloß weil sie es verstehen. Stanley Kubrick, einer der genialste Regisseure aller Zeiten, machte nur deshalb so geniale Filme, weil er selbst kleinste Szenen oft 40, 50, 60 Mal wiederholen ließ, bis er zufrieden damit war: Übung macht den Meister. Auch diesen blöden Spruch kennt wirklich jeder Manager. Aber nur die wenigsten setzen ihn um. Die wenigsten? Die besten!

> Practice makes perfect! Setzen Sie Pacing & Leading bei wirklich jeder Gelegenheit in Ihrer beruflichen und privaten Alltagskommunikation ein. Damit holen Sie sich die nötige Erfahrung, um auch Bad News im virtuellen Team schnell und friktionsarm rüberzubringen.

Warum übrigens rechtfertigen sich unerfahrene Menschen so heftig und langwierig beim Überbringen von Bad News? Was tippen Sie? Gehen Sie ruhig von sich aus. Richtig, man möchte dem Adressaten damit sagen: „Nicht meine Schuld! Ich kann nichts dafür!" Das aber interessiert den Rezipienten schlechter Nachrichten nicht die Bohne. Weil er es als Missachtung seiner eigenen Interessen auffasst: „Ich muss die Suppe jetzt ausbaden, aber das geht dir glatt am Senkel vorbei, weil dir nur wichtig ist, dass du die Hände in Unschuld waschen kannst!"

> Rechtfertigung eskaliert, Verständnis deeskaliert.

Natürlich ist es bequemer, sich zu rechtfertigen als Verständnis zu zeigen. Leider gibt es bislang noch kein Bequemlichkeits-Management. Bequemlichkeit ist keine Success Skill. Gutes Management und gute Kommunikation sind am Anfang ziemlich unbequem. Genauso wie gutes Zuhören.

Hör hin!

38 Prozent der Wirkung von Kommunikation (s. o.) wird nicht durch den Inhalt des Gesagten, sondern durch die Stimmführung des Sprechenden vermittelt. Wer das weiß, der wird so oft wie möglich die Finger von elektronischen Textmedien lassen. Oder wie eine spanische virtuelle Teamleiterin mal sagte: „Wenn ich heraushören will, wie die Stimmung bei meinen Teammitgliedern ist, schaffe ich das nicht per E-Mail." Denn der E-Mail fehlen diese 38 Prozent Bedeutungsgehalt.

In die E-Mail tippt Ives nämlich auf Fernandas Vorschlag hin bloß: „Okay, wird gemacht." Hätte sie mit ihm telefoniert, hätte sie gehört, wie er kurz vor seinem „Okay" einmal tief ausgeatmet hätte. Dann hätte sie ihn fragen können: „Moment mal – ist die Bitte überzogen? Haben Sie gerade zu viel um die Ohren?" Dann hätte man gleich über Mittel und Wege reden können, anstatt am Termin der Ablieferung der Aufgabe feststellen zu müssen: Ives hat es leider nicht geschafft. Daher:

> Reden Sie wann immer es geht direkt, per Telefon, Telko oder Videokonferenz mit Ihren Teammitgliedern und lauschen Sie auf Stimmführung und nonverbale Kommunikation: Die wichtigeren Rahmenfaktoren werden nämlich meist nonverbal kommuniziert.

Achten Sie insbesondere auf Veränderungen in Stimmlage, Sprechtempo und Lautstärke, ungewöhnliche Sprechpausen und die Atmung des Gegenübers. Es ist die große Verfehlung der elektronischen Medien, dass sie diese Unterredundanz-Problematik niemals thematisiert, ernst genommen, geschweige denn gelöst hätten. Man beendet eben keine Beziehung per SMS (s.o.), wenn man nicht als totaler Loser dastehen will. Bei Beziehungen geht das vielleicht noch rein statistisch (plenty more fish in the sea), aber was fangen Sie in einem virtuellen Team mit einem Teammitglied oder gar Teamleiter an, der sich täglich als kommunikationsindolenter A… outet? Das ist Teamsabotage par excellence.

Wer auf die Stimme seines Gegenübers hört, kriegt immer sehr viel besser als via E-Medien mit: Wie ist die Stimmung am andern Ende? Wie ist der Status der Integration (s. Kapitel 9)? Wie ist die Motivation? Sind noch unausgesprochene Fragen offen? Lauern im Hintergrund etwa noch Einwände? Wenn ja:

> Nehmen Sie Ihren Mut zusammen und fragen Sie nach dem, was Sie herauszuhören glauben.

Der Knüller in Seminaren ist: Viele Führungskräfte geben unumwunden zu, dass ihnen die Worte dafür fehlen. Weil die Sprachkultur in ihren Unternehmen keine Vorbilder hat. Mein Tipp: Kupfern Sie einfach ein paar Musterformulierungen ab und modifizieren Sie sie gegebenenfalls nach gusto; zum Beispiel:

- „Das klingt jetzt nicht gerade begeistert – was ist los?"
- „Ich höre da Skepsis mitschwingen – höre ich richtig?"
- „Wollten Sie dazu noch was sagen?"
- „Vorbehaltlose Zustimmung hört sich anders an – was stört Sie daran?"

Ich weiß, die Rezensenten werden sich jetzt wieder in ungetrübter Häme suhlen und „Trivial!" brüllen, aber: Ein Großteil des Virtual Leadership Developments besteht darin, dass Führungskräfte reden lernen. Sie können es definitiv nicht. Wenn Sie das für trivial halten, halte ich Sie für zynisch und praxisfern.

Achtung, Spontanreaktion!

Wie mit allen Dingen des Lebens kann man auch mit dem Telefon (Telko, Videokonferenz, persönliches Gespräch) auf zwei Seiten irren: zu wenig (s.o.) oder zu viel. Zu viel bedeutet in der Praxis vor allem: zu lange und zu unbedacht. Wer eine E-Mail tippt, denkt sicher mehr vor und bei der Formulierung nach als wer am Telefon „den Rumänen mal so richtig rund macht!", wie eine Personalchefin mal meinte. Hinterher gab sie dann zu: „Ich sollte mir abgewöhnen, spontan zum Telefonhörer zu greifen. Die Leute reagieren immer so erschrocken." Da ist was dran. Es ist noch mehr dran:

- Wenn es brennt, ist der Drang natürlich am größten. Aber gerade dann gilt: Greifen Sie in erregtem Zustand niemals zum Hörer! Damit provozieren Sie Eskalation und Ineffizienz.
- Kommen Sie erst mal vom Baum runter, trinken Sie ein Glas Wasser oder laufen Sie einmal um den Block.
- Es sei denn, Sie sind freudig erregt: Dann bitte sofort zum Hörer

- greifen (oder ersatzweise in die Tasten hauen) und den Teammitgliedern positives Feedback geben.
- Woran denken wir, wenn wir reden? Logo: An das, was wir sagen wollen. Leider ist das zu wenig. Denken Sie bitte parallel vor und bei der Kommunikation auch daran: Wie kommt das, wie ich es sage, beim anderen an? Der Ton macht die Musik.
- Lernen Sie so zu formulieren, dass Sie anderen damit nicht (mehr) auf den Keks gehen. Beginnen Sie damit, herauszufinden, wo und wie das bislang der Fall ist.

Das Blöde am letzten Tipp ist: Gerade jene, die anderen fürchterlich auf den Keks gehen, halten sich meist für rhetorische Genies. Aber das gilt für alle Führungsfähigkeiten: Fixed Mindset kills! Wenn ich glaube, schon perfekt zu sein, bleibe ich in meiner Entwicklung stehen und werde von anderen überholt. Besser ist der sogenannte Open Mindset: Ich möchte jeden Tag ein wenig besser werden! Auch und gerade dann, wenn es im Team knistert.

Wenn es knistert

Verbinden wir zwei Brennpunkte der Virtual Leadership: Konflikte (s. Kapitel 8) und direkte Kommunikation (persönliches Gespräch, Telefon, Telko, Videokonferenz). Sobald zwei Menschen ein Ziel erreichen möchten/müssen, knistert es. Jede(r) hat eigene Vorstellungen über den Weg zum Ziel. Deshalb mailen schwache Führungskräfte so gern: Man mogelt sich um das Knistern herum. Oder wie Fernanda sagt: „Egal mit welchem Teammitglied ich rede – wir brauchen bloß zwei Sätze zu wechseln und schon treten die meist recht unterschiedlichen Vorstellungen zu Tage." Warum fürchtet sich Fernanda davor?

Weil sie – zu Recht! – Eskalation und Konflikt fürchtet. Wie vermeiden Sie beides? Kommen Sie, Sie haben ein probates Universalmittel dafür schon kennengelernt und – jede Wette – auch schon eingesetzt. Erinnern Sie sich? Kapitel 5, Forming: People who are like each other like each other.

> Das Hervorheben von Gemeinsamkeiten formt nicht nur ein Team, es ist auch ein einfaches und stets hoch wirksames Mittel zur Deeskalation, Motivation, Konfliktvermeidung und Akzeptanzsteigerung.

Betrachten wir auch hierzu ein Beispiel.

Fernanda: „Ich halte den Meilenstein für erreicht."

Ives: „Aber die letzten Testergebnisse fehlen noch!"

Achtung, kritische Stelle: offener Dissens, Konflikt droht. Jedoch:

Fernanda: „Ja, die Tests sind wirklich wichtig (Gemeinsamkeit). Da gehen wir absolut konform (dito). Ist es okay, wenn wir sie nach der Meilenstein-Besprechung diskutieren?"

Ives: „Ja, natürlich. Ich dachte bloß, Sie wollen die Tests vom Tisch wischen."

> Wenn es knistert: Finden und betonen Sie die Gemeinsamkeit und fragen Sie, wie man die Unterschiedlichkeit regeln könnte.

Fragen ist übrigens ein gutes Stichwort:

> Viele Führungskräfte müssen täglich entscheiden. Das machen sie so gut, dass sie irgendwann auch außerhalb von Entscheidungen ganz entschieden kommunizieren – und damit allen mächtig auf die Nüsse gehen.

Auch Fernanda tendiert dazu. Ives sagt über sie: „Wenn sie mit uns redet, sagt sie ständig, was Sache ist, was gemacht werden muss und was nicht sein darf." Sie sagt zum Beispiel: „In dieser heißen Projektphase ist es besser, jedes Teammitglied reported nicht wie bislang alle zwei Wochen, sondern wöchentlich." Das bestreitet auch keiner. Trotzdem sagt Ives: „Sie ist halt eine Feldwebelin." Als Fernanda das mitbekommt, ist sie total frustriert: „Aber so will ich nicht sein!" Dann sollte sie endlich das tun, was sie in Führungstrainings schon tausendmal gehört und nie wirklich praktiziert hat:

> **Fragen statt Sagen: Parität 50%.**

Auf jede Ansage bitte eine Frage. Also nach „Reporting ab sofort einmal die Woche" dann bitte zum Beispiel „Sollen wir auch die Frequenz der Telefonkonferenzen erhöhen? Was meint ihr?" Der Ton macht die Musik, die Tonalität bestimmt die Integration im Team.

Natürlich fällt es vielen Führungskräften schwer, sich das anzugewöhnen. Aber das kann und sollte man sich angewöhnen. Stimmung und Leistung im Team verbessern sich oft in kürzester Zeit. Das ist das eine. Das andere ist: Hey, worüber reden wir hier eigentlich? Doch nicht über Hirnchirurgie, Atomspaltung oder Millionen-Budgets. Wir reden darüber, wie Sie Ihre Sprachgewohnheiten optimieren können. Über Worte. Und wer nicht mal seine eigenen Worte ändern kann, was sucht der dann im Management? Damit sind Sie natürlich nicht gemeint. Denn wer liest, will ja explizit besser werden. Gratuliere: Genau darauf kommt es an – übrigens Millionen von Menschen, Marshall B. Rosenberg sei Dank.

Marshall B. Rosenberg

Dieser US-Amerikaner hat praktisch im Alleingang die sogenannte „Gewaltfreie Kommunikation" geschaffen. Mein Tipp: Unbedingt aneignen. Eine wirklich tolle Sache. Arbeiten Sie sich doch mal in das Thema ein – wozu gibt es Internet? Bücher? Was ist das Kernprinzip?

Ganz einfach: Wenn wir nicht auf Anhieb verstanden werden, werden wir ganz schnell und vor allem unbewusst und unaufhaltbar „gewalttätig". Wir werden laut, zynisch, ironisch, sarkastisch, schnippisch, zickig, vorwurfsvoll, stellen Unterstellungen an – weil der andere ja offensichtlich „zu blöd" ist oder uns „nicht verstehen will". Wir fahren „aus der Haut". Der andere natürlich dann auch. Eskalation und Konflikte entstehen so. Rosenberg weist einen simplen Ausweg aus dieser zwanghaften Kiste:

> **Sag, was du wirklich meinst!**

Also zum Beispiel nicht wie so oft: „Es ist schon zehn nach drei!" Denn darauf sagt das zu spät kommende Teammitglied natürlich sofort: „Dringender Anruf! Kam nicht weg!" Worauf der Teamleiter ebenso natürlich antwortet: „Wenn alle pünktlich sein können, können Sie es auch!" Und ab geht die Post! Und keiner hat damit erreicht, was er wollte. Also warum nicht gleich damit anfangen? Dann läuft die Sache anders ab. Sagen Sie, was Sie wirklich meinen, zum Beispiel: „Es ist zehn nach drei. Ich merke, dass es mich stresst, wenn Sie jetzt erst kommen. Ich möchte mich darauf verlassen können, dass alle pünktlich sind. Seien Sie bitte beim nächsten Meeting rechtzeitig da."

Merken Sie was? Die Lust, sich daraufhin zu rechtfertigen und zu eskalieren, nimmt bei so einer Formulierung doch drastisch ab. Warum?

Weil dahinter ein System steckt, eben das System der Gewaltfreien Kommunikation, in vier Schritten:

1.) Sprechen Sie über Beobachtungen und Fakten, eben zum Beispiel: „Es ist zehn nach drei." Das ist kein Vorwurf, das ist die Uhrzeit.
2.) Setzen Sie den Hebel der Emotionen ein. Gefühle bewegen. Zum Beispiel eben (s.o.): „Ich merke doch, dass es mich stresst, wenn Sie jetzt erst kommen."
3.) Artikulieren Sie Ihr dahinterstehendes Bedürfnis, nämlich: „Ich möchte mich darauf verlassen können, dass alle pünktlich sind."
4.) Formulieren Sie abschließend Ihren konkreten Wunsch: „Seien Sie bitte beim nächsten Meeting rechtzeitig da."

In allen komplexen, problembeladenen und stressigen Situationen ist dies das Rezept Ihrer Wahl. Natürlich: Wenn was runterfällt, dürfen Sie immer noch – ohne Schlimmes befürchten zu müssen – sagen: „Bitte, heb das auf!" Aber das ist auch eine simple Situation. Bei allem, was komplexer ist: Denken Sie an Marshall!

In aller Kürze: Sprechen Sie!

- Geschriebene Worte sind immer missverständlich.
- Daher: Heikle Angelegenheiten, Konfliktgespräche und Bad News nie per E-Mail, sondern immer mit persönlichem Gespräch, Telefon, Telko oder Videokonferenz.
- Okay, das kostet Mut. Aber den sollte man als Leader aktivieren können. Außerdem lohnt das reichlich.
- Aber Gespräche entgleisen so leicht? Nicht, wenn Sie sich Rechtfertigungen für Bad News verkneifen.
- Und nicht, wenn Sie ein Übermaß an Verständnis zeigen und wenn Sie so kurz wie möglich kommunizieren.
- Was außerdem hilft: Pacing & Leading. Jammern Sie ruhig ein

wenig mit den Rezipienten der Bad News mit – und dann übernehmen Sie die Führung in Richtung Lösung: „Wie machen wir jetzt das Beste draus?"
- Wenn Sie mit Teammitgliedern (Kunden, Lenkungsausschuss …) reden, hören Sie zwischen den Zeilen auf Stimmung, latente Vorbehalte … und sprechen Sie sie an!
- Greifen Sie niemals zum Telefon, wenn Sie auf 180 sind!
- Gespräche eskalieren in Projekten oft. Beugen Sie dem vor, indem Sie bei kritischen Äußerungen immer die Gemeinsamkeiten herausstreichen.
- Sagen Sie nicht nur. Fragen Sie auch öfter mal. Idealerweise 50:50.
- Gewöhnen Sie sich nach und nach die gewaltfreie Kommunikation an.

> „Alle regen sich über die Mail-Flut auf,
> aber keiner tut was dagegen!"
>
> Sandra Z., Teammitglied

11 Die E-Mail-Falle

E-Mail-Guidelines

Wie lange braucht eine E-Mail von Moskau nach New York? Schätzungsweise Sekunden bis höchstens Minuten. Und wie lange braucht Steven in New York für seine Antwort? Vladimir in Moskau stöhnt: „Ta-ge!" So kann man ein Team natürlich auch auseinander bringen.

> Vereinbaren Sie im Team die Guideline: E-Mails werden – wenn nicht anders möglich zumindest teilweise oder vorläufig – binnen spätestens 24 Stunden beantwortet.

Warum muss man über solche Trivialitäten überhaupt ein Wort verlieren? Weil die Menschheit sich in den Klauen eines fatalen Phänomens befindet: Die Technologie entwickelt sich schneller als der Mensch. 90 Prozent der Unternehmen, die wie selbstverständlich täglich Massen von E-Mails durch den Äther jagen, haben niemals eine E-Mail-Etikette eingeführt. Jeder mailt grad so wie es ihm in den Stiefel passt. Deshalb jammern auch alle: „Ich ertrinke in E-Mails!" Daher noch eine Guideline:

> Wer fahrlässig oder narzisstisch „Antwort an alle" anklickt oder Leute in CC setzt, die nichts mit der Sache zu tun haben, ist ein Kameradenschwein, das anderen Menschen kostbare Zeit und Nerven raubt!

Und wenn wir gerade Ihre E-Mail-Etikette überprüfen:

> E-Mails möglichst nicht länger als eine Bildschirmhöhe!

Das ist ein Wunschwert, der ständig überschritten wird. Aber nicht so heftig als wenn es ihn nicht gäbe! Und weiter mit den Guidelines:

> Die meisten E-Mails sind kryptisch. Der Empfänger denkt nach deren Lektüre: „Und jetzt? Was erwartet er/sie von mir?" Daher: Formulieren Sie das, was Sie vom Empfänger erwarten, explizit!

Erwähnen Sie Ihr Anliegen möglichst schon in der Betreffzeile, also: „Bitte antworten", „Bitte überprüfen", „Zur Kenntnis", „Bitte Maßnahme einleiten" …

Schreiben Sie auch gleich das Thema Ihrer Mail in die Betreffzeile. Das verhindert nämlich die Rückmeldung, die ich von vielen Teammitgliedern höre: „Oft muss ich drei Absätze lesen, bevor mir klar wird, um welches Thema es geht!" Und:

> Bei E-Mails mit Kritik oder heiklen Themen gibt es kein CC!

Das ist nämlich extrem demotivierend und teambelastend wie uns Paul versichert: „Der Projektleiter macht mich zur Minna, weil ich zugegebenermaßen Mist gebaut habe. Geschenkt, ich habe es verdient, das kann ich ab – aber nicht, dass fünf Kollegen und zwei Kolleginnen im CC stehen. Mensch, wie stehe ich jetzt vor denen da! Danke auch, lieber Projektleiter, ich werde mich gelegentlich revanchieren." Das tut er. So provozieren unerfahrene Projektleiter Konflikte, unter denen sie dann selbst leiden. Management by Masochism.

> Auch für E-Mails gilt: In der Öffentlichkeit loben, unter vier Augen kritisieren.

Diese ganzen Guidelines gelten auch für konventionelle Teams? Richtig, und auch dort werden sie ständig missachtet. Der springende Punkt ist jedoch: Im konventionellen Team trifft man sich oft genug informell, um die Wogen ungeschickt formulierter E-Mails im persönlichen Gespräch zu glätten. Im virtuellen Team trifft man sich leider nur selten persönlich. Deshalb richten gegen Guidelines und gesunden Menschenverstand verstoßende E-Mails viel größere und vor allem kumulativ wirkende Schäden an: Spätestens nach der achten ungewollt patzigen Mail platzt selbst dem gutmütigsten Teammitglied der Kragen …

Schreiben lernen

Ein Vorstand schreibt eine Hausmitteilung oder eine E-Mail. Was sind die ersten drei Reaktionen des einfachen Mitarbeiters darauf? Die drei großen E: Erstaunen, Erheiterung, Empörung. Wenn wir annehmen, dass kein CEO der Welt erstaunen, erheitern oder empören möchte: How come? Wie kann sowas denn passieren? Fragen Sie jeden Deutschlehrer – oder besser: Fragen Sie bloß keinen Deutschlehrer! Die sind nämlich an der Misere schuld:

> Geschriebene Texte sind immer missverständlich. Der einzige Unterschied zwischen Texten von Profis und von Amateuren ist: Der Profi weiß das.

Der Teamleiter von Vladimir ist kein Profi. Deshalb schreibt er Vladimir auch: „Der Daten-Feed für die Laborreihe muss unverzüglich raus!" Vladimir liest das. Er versteht das auch. Er fragt sich bloß: „Was zum Kuckuck heißt ‚unverzüglich'?" Asap? Heute noch? Diese Woche? Und wenn es wirklich as soon as possible heißt, was ist dann mit der Top-Priority-Aufgabe, die Vladimir gerade bearbeitet? Kann, soll diese verschoben werden, obwohl sie Prio 1 hat? Und wenn ja, warum kann der Teamleiter das nicht schreiben? Weil er es nicht kann. Er hat es nie gelernt. Ihn deshalb als funktionellen Analphabeten zu bezeichnen, ginge mir persönlich zu weit. Aber ich kenne Linguisten, die genau das tun ...

Von Führungskräften wird erwartet, dass sie führen. Wie wir alle sattsam wissen, ist Führung zu 90 Prozent Kommunikation. Das wissen die meisten. Aber sie können es nicht umsetzen. Kein Vorwurf: Sie haben es nie gelernt. Denn eins ist sicher: In Elternhaus, Schule und vor allem Universität lernt man ganz sicher keine klare, unmissverständliche und wirksame Kommunikation (dafür müssen Sie nur mal eine Dissertation oder Master-Arbeit anschauen oder einen Professor zuhören). Also müssen wir es hier lernen:

> Schreiben Sie E-Mails nicht klar und deutlich, sondern überklar und überdeutlich.

Es ist völlig klar, dass Ihnen klar ist, was Sie da schreiben. Aber darauf kommt es nicht an. Vielmehr darauf: Wird es auch dem Empfänger klar? Stellen Sie sich diese Frage, bevor Sie auf „Send" drücken. Erfahrene E-Mailer gehen einen Schritt weiter. Sie fragen sich: An welchen Stellen kann, an welchen muss der Empfänger das Geschriebene missverstehen? Profis fragen: In Kenntnis der aktuellen Situation und Verfassung des Empfängers – was muss, was könnte er missverstehen? Und dann bringen sie mehr Redundanz in den Text. So nennt man das, wenn man etwas verständlich, rezipientenkongruenter, kundenorientierter macht.

> **Schreiben ist ein Handwerk, das erlernt und gepflegt werden will.**

Wobei erlernt man dieses Handwerk am einfachsten und schnellsten? Sie werden lachen: an Fehlern. Als Vladimir seinen Teamleiter entnervt rückruft und wissen will, was in drei Teufels Namen eigentlich „unverzüglich" heißen soll, schreibt der Teamleiter in seine Fehlerkladde:

„Künftig sämtliche Zeitangaben höflich in Zahlen quantifizieren! Nie wieder qualitativ nur mit Adjektiven!"

> **Legen Sie sich bezüglich Ihrer schriftlichen/mündlichen Kommunikation eine Fehlerkladde an – und konsultieren Sie diese wöchentlich. Profis machen das täglich …**

Das hilft Ihnen auch, die folgende Grausamkeit zu vermeiden.

E-Mail-Grausamkeit

„Danke, dass die Scribbles zur Kampagne so schnell fertig waren!", schreibt Franz an Verena, nachdem er drei Wochen auf die Skizzen warten musste. Verena ist auf 180: „Der Idiot kann sich seinen Sarkasmus sonstwohin stecken!"

> Ironie, Zynismus und Sarkasmus sind in E-Mails tabu.

Und das aus guten Gründen: Ironie wirkt in schriftlicher Form oft unverständlich. Zynismus und Sarkasmus werden in schriftlicher Form meist als Vorwurf missverstanden – weil die Zusatzinformation des Nonverbalen fehlt: Gesichtsausdruck, Tonlage. Das wissen wir im Grunde alle. Warum unterläuft uns dieser Fehler dann immer mal wieder? Weil der Gaul mit uns durchgeht. Daher:

> Auch wenn es Sie noch so sehr in den Fingern juckt: Tippen Sie nie eine E-Mail im Affekt!

Denn damit richten Sie immer Schaden an und bereuen das meist auch – hinterher, wenn es zu spät ist. Ausnahme:

> Im positiven Affekt dürfen und sollen Sie sofort schreiben (oder besser noch telefonieren), bevor die Freude verfliegt und Sie wieder kein Feedback gegeben haben, wenn Sie etwas gefreut hat.

Natürlich stinkt es uns allen, wenn uns irgendein Idiot mal wieder auf den Senkel geht. Aber dann aus Wut, Frust, Empörung oder Enttäuschung heraus das Keyboard zu bearbeiten, ist nie eine gute Idee:

> Kommunikation ist nichts für Panikschützen und Amateure.

Das heißt nicht, dass Sie Ihre Emotionen runterschlucken sollen. Es heißt lediglich: Beschreiben Sie sie so, dass es Sie und das Team weiterbringt. Also nicht: „Schön, dass ihr uns mal wieder drei Tage lang habt hängen lassen, ohne einen Pieps zu sagen!" Sondern: „Ich war die letzten drei Tage, ehrlich gesagt, schon etwas beunruhigt: Weshalb haben wir nichts von Ihnen gehört? Könnte man das in Zukunft ändern?" Dass nach dieser Ich-Botschaft mehr herauskommt als bei der sarkastischen Formulierung, dürfte jedem/r klar sein. Die beste Guideline für E-Mails ist übrigens – erraten Sie's?

> Fass dich kurz!

Der Aphoristiker G.C. Lichtenberg hat dazu mal sinngemäß gesagt: „Ich habe einen langen Brief geschrieben, weil ich zu faul war, einen kurzen zu schreiben." Exakt so kommt das beim Empfänger an; als Faulheit, Bequemlichkeit und Kameradensauerei. Unter dieses Stichwort fällt auch folgendes:

> Wenn Sie eine E-Mail mit wichtigen Daten, Informationen oder Unterlagen bekommen, dann bedanken Sie sich umgehend per „Antworten" dafür, um dem Empfänger die erfolgreiche Übermittlung anzuzeigen!

Zu jedem gegebenen Zeitpunkt verlieren zig Teams auf der Welt unnötig Tage, weil das nicht gemacht wird und der Empfänger dann nicht weiß: „Hat er meine Mail nicht bekommen? Geistert die Mail als Irrläufer durchs Netz? Hat er sie nicht gesehen? Kommt er nicht klar damit?" Wenn die Mail tatsächlich verloren ging – was leider zu oft passiert – dann verliert das Team unnötig Zeit, weil jeder auf den anderen wartet. Unnötig. Und:

> **Antworten Sie auf Mails immer innerhalb desselben Arbeitstages.**

Das ist nicht immer möglich? Natürlich nicht. Was machen Sie dann? Ich wette, Sie kommen darauf:

> **Wenn Sie es nicht am selben Tag schaffen, mailen Sie das.**

Schreiben Sie zum Beispiel: „Tut mir leid, schaffe die Antwort heute nicht mehr – aber: First thing in the morning!" Oder: „Muss erst noch die Daten checken: Erwarten Sie meine Antwort bis morgen, 16 Uhr." Das ist banal? Das Mittel, ja – seine Wirkung: eindeutig nein. Die Mächtigsten der Welt wissen das. Barack Obama zum Beispiel.

Er ist der Welt mächtigster Virtual Leader. Virtuell deshalb, weil die Zentralregierung in Washington ziemlich weit weg ist vom amerikanischen Alltag, der vor allem in den Bundesstaaten stattfindet. Jeder US-Präsident leidet unter den Big Four: Identitätsverlust, Isolation, (riesige) Entfernungen und einer konstitutionell stark eingeschränkten Macht. Als der schlimmste Orkan seit Jahrzehnten die US-Ostküste verwüstete, konnte der US-Präsident deshalb nicht Millionenhilfen aus seinem Füllhorn verteilen – er hatte diese Budgetmacht schlicht nicht. Trotzdem brillierte er in dieser schlimmen Zeit als Krisenmanager und Virtual Leader, weil er seine Big-Four-Hausaufgaben gemacht hatte. So erließ er zum Beispiel noch am Ort der Verwüstung die später so genannte Obama Quarter: Er versprach, dass die zuständigen Stellen der Bundesregierung sämtliche Anfragen der von der Katastrophe betroffenen Gouverneure und Bezirksregierungen binnen einer Viertelstunde beantworten würden. Wer diese Maßnahme für trivial hält, hat noch nie Teamsport betrieben: Das war ein mächtiges Signal. Es sagte mehr als alle Worte: „Ihr seid uns in diesen Stunden das Allerwichtigste. Wenn ihr ruft, springen wir. Das garantieren wir euch." Und ein Ruck ging durch die Nation.

Übrigens: Die Obama-Viertelstunde haben inzwischen etliche Projektleiter vor allem in Krisenzeiten ihrer Projekte übernommen. Das pusht Motivation und Engagement im Team besser als alle „Auf geht's!"-Reden.

Der Gipfel der Trivialität

Mit Ihrem Einverständnis würde ich gerne das zu Ende gehende Kapitel als den Gipfel der Trivialität bezeichnen. Wenn man das so durchliest, denkt man: „Das meint er jetzt nicht ernst. Das ist ja so banal, dass es fast peinlich ist!" Das denken Sie nicht? Dann verfügen Sie über beträchtliche Kommunikations- und Teamkompetenz. Denn das denken tatsächlich nur Anfänger.

Der Profi kennt die kleinen Unterschiede, die den großen Unterschied ausmachen. Er weiß, wie wenige falsch gewählte Worte einen Rieseneffizienzverlust verursachen können – fragen Sie jeden Eheberater oder Paartherapeuten. Der Profi weiß, dass wir das alle wissen – rein theoretisch. Aber schwups, schon rutscht einem wieder was durch, die Ehefrau ist auf 180, droht mit Scheidung und der Teamkollege auf dem anderen

Kontinent schwört Stein und Bein, dass er Sie spätestens bei Ihrer nächsten Mail aber sowas von abblitzen lässt, wenn Sie sich weiter solche Unverschämtheiten leisten, von denen Sie keine Ahnung haben, weil Ihnen diese Fauxpas ganz unbewusst unterlaufen. Stellen Sie das ab. Es ist trivial, es ist lästig, aber ohne saubere schriftliche Kommunikation können Sie nicht die vier Kernaufgaben der virtuellen Teamführung (s. Kapitel 2) meistern. Je schlampiger und beziehungsindolenter im Team gemailt, getippt und geschrieben wird,

1) desto schwächer wird das ständig unbewusst sabotierte Wir-Gefühl (Identität).
2) desto stärker isolieren sich die Teammitglieder voneinander, weil sie sich ständig unabsichtlich auf den Wecker gehen (Isolation).
3) desto größer wird die gefühlte Entfernung zwischen den Teammitgliedern (Entfernung).
4) und desto schwerer machen Sie es sich, ohne Weisung zu führen (Führen ohne Macht).

Das alles können Sie sich ersparen, wenn Sie aufmerksam auf die E-Mail-Etikette in Ihrem Team achten: wenig Aufwand – viel Ertrag. In andern Worten: Es lohnt sich!

In aller Kürze: Mailen Sie richtig!

- Vereinbaren Sie gemeinsam mit Ihrem Team zwei Handvoll Guidelines für E-Mails: Ihre E-Mail-Etikette.
- Lenken Sie die Aufmerksamkeit des Teams höflichstmöglich auf allfällige Verstöße: „Mike, ich schätze deine Detailkenntnis – aber wir wollten nach Möglichkeit nur E-Mails mit einer Bildschirmlänge verschicken."
- Gehen Sie nicht davon aus, dass alle Ihre Teammitglieder E-Mails schreiben können: Da haben Sie einen Entwicklungsauftrag.

- Aber: Gehen Sie davon aus, dass alle superempfindlich auf das Thema reagieren. Denn natürlich glaubt jeder, dass seine E-Mails nobelpreisverdächtig sind.
- Bringen Sie Ihrem Team (und sich!) die kommunikationstheoretischen Hintergründe nahe!
- Zum Beispiel: „Kommunikation kann unser Wir-Gefühl beschädigen oder stärken. Sie kann uns gegenseitig isolieren oder näher zusammenbringen. Sie kann uns weiter voneinander entfernen oder eng zusammenrücken. Wofür entscheiden wir uns? Und was wollen wir täglich pflegen?"
- Weisen Sie ruhig daraufhin hin: „Wer schreibt, der bleibt." Die stilistische Kompetenz, die sich Ihre Teammitglieder im Team erwerben, ist ein echter Erfolgsfaktor und Karrieretreiber!

"Unsere Telkos sind immer recht lustig, es kommt bloß nie viel dabei raus."

Sven T., Teammitglied

12 Effektive Video- und Telefonkonferenzen

Telko an der Bahnsteigkante: Kontextgestaltung

Dass der Mensch ein Telefon bedienen kann, gehört zur Alltagskommunikation. Wie erklären wir dann aber, dass sich Manager doch tatsächlich von der Bahnsteigkante aus in Telkos einklinken, von wo aus sie dann aus dem dicksten Trubel heraus außer Störgeräuschen nicht viel zur Konferenz beizutragen haben? Oder aus dem fahrenden Autos heraus, mit 180 Sachen und 17 netzbedingten Unterbrechungen die Stunde?

Die Geeks und Nerds behaupten oft und gerne, dass Existenz und Erfolg von virtuellen Teams von den modernen Informations- und Kommunikationstechnologien möglich gemacht werden. Das muss für alle von uns wie blanker Hohn klingen, die jemals an einer Telefon- oder Videokonferenz teilnahmen.

Wenn schon Präsenzmeetings in ganz normalen Teams der größte Effizienzkiller diesseits der totalen Arbeitsverweigerung sind, dann sind Telkos die Mutter aller Ineffizienz. Natürlich, Sie haben recht: Es gibt auch effiziente Telkos – selbst wenn Sie im Hintergrund bereits das Hohngelächter der Kolleginnen und Kollegen hören. Effiziente V/T-Konferenzen sind die Ausnahme. Sie machen keine Probleme. Wir reden hier über die anderen. Weil wir das Problem beseitigen möchten und werden. Woran liegt es?

Daran, dass die Technologie mal wieder den Menschen überholt hat? Natürlich auch. Doch Sie gewinnen ohne großes Aufholmanöver einiges an Macht über die Technologie wieder, wenn Sie nicht die Technologie zu kontrollieren versuchen, sondern deren Kontext. Wo sind denn die einzelnen Teilnehmer, wenn sie an einer Telko teilnehmen?

Einige klinken sich aus dem Taxi ein oder bei Erledigung der Einkäufe fürs Wochenende. Was haben Sie als exotischste Teilnahme erlebt? Bei den Seminaren, die ich leite, ist das ein abendfüllendes Thema, Lacher garantiert. Dank dieser Exotik der Anruf-Kontexte sind die Teilnehmer dann abgelenkt, unkonzentriert, nicht bei der Sache und unterhalten sich nebenbei mit dem Kellner, dem Schaffner oder der Verkehrspolizei, die sie anhält. Das lenkt ab und nervt die anderen Teilnehmer – falls diese nicht schon genug durch ihren eigenen ungeeigneten Kontext abgelenkt sind. Vereinbaren Sie daher zusammen mit Ihrem Team die Guideline:

> Eine Telko ist kein Telefonat, sondern ein Meeting!

Bei einem Meeting kauft man ja auch nicht nebenher die Brötchen fürs Frühstück. Warum machen überhaupt so viele Telko-Teilnehmer Multitasking und jede Menge auf Smartphone, Blackberry, Tablet oder Notebook nebenher? Weil ihnen langweilig ist. Auch das kann man ändern:

> Vereinbaren Sie fallweise: Konferenzteilnehmer, die von bestimmten Tagesordnungspunkten überhaupt nicht tangiert sind, dürfen sich später ein- und/oder früher ausklinken.

Wenn Ihr Teamleader diese Guideline nicht selber zustande bringt, weil er ein alter Narzisst ist und immer möglichst viele Leute um sich haben möchte, tun wenigstens Sie dem Team den Gefallen und drücken Sie die Stummtaste, wenn Sie neben der Telko das Auto waschen oder auf Bongos trommeln.

Das Trivialitäts-Paradoxon

Ich gehe jede Wette ein, dass eben jede Menge LeserInnen gedacht haben: Stummtaste drücken? Keine Nebenbeschäftigungen? Mann, Gary, das ist doch mega-trivial. Das hat mir Goethe schon gesagt und gleich hinzugefügt: „Es beleidigt die Menschen, dass die wichtigen Dinge so einfach sind. Sie vergessen darüber, dass diese Dinge auch getan werden müssen und das wiederum gar nicht so einfach ist." Menschen, die an der Trivialitäts-Seuche leiden, denken: Bloß weil etwas einfach ist, wird es automatisch auch gemacht. Ein grandioser Irrtum. Das Gegenteil ist der Fall:

> Die trivialsten Dinge werden meist nicht gemacht – eben weil sie so trivial sind.

Denken Sie an total triviale Dinge wie: gesund essen, regelmäßig zur Vorsorgeuntersuchung, ausreichend Ausgleichssport oder nicht rauchen. Wenn Ihnen also mal wieder ein ewig Gestriger mit dem Einwand „Das ist doch trivial!" kommt, dann stellen Sie höflich eine Gegenfrage: „Natürlich ist das trivial. Und jetzt zu etwas ganz anderem: Wird es gemacht?" Die Katze zu füttern, ist auch trivial – trotzdem muss man es machen. Deshalb lautet der im Englischen ein Merkspruch der Macher für alles Triviale, das gemacht werden muss: Feed the Cat!

> Macher achten nicht darauf, ob etwas trivial oder superkomplex ist. Sie achten darauf, ob gemacht wird, was gemacht werden muss.

Sie handeln nach dem Motto: „Just do it!" Also vereinbaren Sie Guidelines zu Telefon- und Videokonferenzen und beachten Sie deren Einhaltung. Erinnern Sie höflich daran. Korrigieren Sie zwangsläufig auftretende Verstöße höflich und kollegial. Und vor allem: Leiten Sie solche Konferenzen professionell. Wie? Das betrachten wir jetzt.

Wie Sie Konferenzen leiten

Warum laufen bereits „normale" Meetings so oft katastrophal aus dem Ruder? Weil die Teilnehmer unzureichend geschult und daher undiszipliniert, außerdem wegen chronischen Zeitmangels schlecht/nicht vorbereitet sind und der „Moderator" wenig Ahnung von professioneller Moderation hat, sich aber dennoch für absolut moderationskompetent hält. Dann gibt es aber auch viele Meetings, in denen es überhaupt keinen Moderator gibt. Das weiß jeder. Das wagt bloß keiner auszusprechen. Ich breche dieses Tabu. Die teilweise absurd chaotischen Zustände in Meetings und Konferenzen verlangen es. Sie verlangen auch nach pragmatischer Abhilfe:

> **Legen Sie vor jeder Konferenz den Moderator fest, die Chairperson.**

Das muss nicht immer der Teamleiter sein. Wenn es ein Teammitglied gibt, das deutlich wirksamer moderieren kann und will und (deshalb) von allen anderen akzeptiert wird, sollte ein Teamleader genug Mumm in den Knochen haben für die Delegation der Moderation. Worin besteht diese Moderation?

Die meisten antworten spontan: „Na, eben in der Leitung der Konferenz!" Leider falsch. Das gehört zwar zur Moderation, aber damit beginnt die Aufgabe nicht. Doch die Antwort ist typisch für die grassierenden Moderationsmängel:

> If you fail to plan, you plan to fail!

Wer bei der Planung einer Konferenz versagt, plant damit sein Versagen bei der Durchführung der Konferenz. Das wissen wiederum alle Menschen (Trivialitäts-Paradoxon, s.o.), weshalb die meisten dieses Wissen nicht umsetzen. Und das aus guten Gründen. Am häufigsten höre ich:

- „Ich würde mich gerne vorbereiten, aber ich habe nicht die Zeit dafür!"
- „Was ein echter Manager ist, der kann so eine Konferenz doch aus dem Stand leiten!"
- „Die Teilnehmer sind doch alles Experten, die kennen sich aus in ihrem Gebiet, die brauchen das nicht!"

Was sind die beliebtesten Ausreden in Ihrem Team? Oder Ihre eigenen? Falls Sie nicht länger auf diese Ausreden hereinfallen, werden Sie die folgenden Checklisten nützlich finden.

Punkt für Punkt: Konferenzen vorbereiten

☑ Denken Sie immer daran und erinnern Sie Ihre Teilnehmer via Einladung: Telefonate kann und darf man auch mal unvorbereitet führen, Telefonkonferenzen jedoch nicht!

☑ Bevor Sie einladen: Stellen Sie sich die Existenzfrage! Ist eine Konferenz überhaupt das richtige Kommunikationsinstrument? Geht es nicht'ne Nummer kleiner, einfacher, effizienter, kostengünstiger? Normale Telefonate? Zweierkonferenzen? Shuttle-Diplomatie?

☑ Analog gilt: Sie wollen bloß informieren? Dann verkneifen Sie sich den narzisstischen Impuls der großen Bühne und schicken Sie lieber eine Rundmail. Die tut's auch und erspart Ihnen obendrein den Ruf der Rampensau.

☑ Konferenzen werden oft längere Zeit im Voraus terminiert. Wenn in der Zwischenzeit die Veranlassung für die Konferenz wegfällt, dann – und das stellen Sie sich jetzt bitte in blinkenden Neonlettern vor: Sagen Sie die Konferenz ab! Ich weiß, das tut dem Selbstdarsteller in uns weh – aber Ihr Team wird Ihnen dankbar sein und sich mit Leistungssteigerung revanchieren. Was ist Ihnen wichtiger?

☑ Zeitzonen nicht vergessen! Eine Telko mittags um vier ist eine Zumutung, wenn drei Teammitglieder am anderen Ende der Welt dafür bis acht Uhr abends im Büro bleiben müssen! Noch so eine Trivialität, die häufig übersehen wird.

☑ Tipp für Clevere: Delegieren Sie Sonderaufgaben! Wer moderiert, muss nicht protokollieren. Wer moderiert, ist oft über einen Deputy dankbar (nominieren Sie den schärfsten Hund, der auch höflich sein kann), der die Rolle des Time Managers übernimmt und auf die Einhaltung der Zeit pro TOP achtet.

☑ Diese Zeitdisziplin kann man übrigens wunderbar stumm steuern: wie ein Schiedsrichter mit Karten. Gelb bedeutet: Letzte Minute! Rot: Zeit zu Ende! Pfeife: Schon eine Minute drüber. Es gibt Teams, die finden das super. Andere mögen das nicht: Wählen Sie Ihre Instrumente adäquat, das heißt passend zu Team, Aufgabe und eigenen Präferenzen.

☑ Schreiben Sie in die Einladung: „Bitte begeben Sie sich für den Zeitraum der Telko an einen ungestörten Ort." Das ist trivial, aber diese triviale Erinnerung senkt die Zuwiderhandlungen um einen zweistelligen Prozentsatz.

- ☑ Ebenso trivial sollten Sie mit der Einladung auch an die zum Projektstart vereinbarten (nicht vorgegebenen!) Gesprächsregeln erinnern.
- ☑ Ganz wichtig: „Nur einer spricht! Und zwar so kurz wie möglich. Deshalb unterbrechen wir uns auch nicht gegenseitig. Wir alle kommen vorbereitet und verkneifen uns jegliche persönliche Angriffe …"
- ☑ Fragen Sie in der Einladung: „Wer braucht noch Info zu den einzelnen TOP?"
- ☑ Verschicken Sie die Einladung rechtzeitig, damit Sie etwaige Rückmeldungen noch berücksichtigen können.
- ☑ Eigentlich trivial, wird aber oft versäumt: Alle Teilnehmenden benötigen den Einwahlcode rechtzeitig. Das heißt: nicht eine halbe Stunde vor Beginn, sondern mehrere Tage vorher!
- ☑ Schreiben Sie auch auf die Einladung: „Bitte legen Sie sich rechtzeitig den Einwahlcode zurecht." Auch das passiert leider oft: In fünf Minuten beginnt die Telko und ich kann den verdammten Code nicht finden!
- ☑ Schicken Sie einen Tag vor Termin einen Reminder raus: „Bitte daran denken: morgen, 9 Uhr CET, Telko! Einwahlcode parat?"
- ☑ Ebenfalls banal: Das „CET" bei der Zeitangabe wird häufig übersehen – und die Leute wählen sich dann eine Stunde zu früh oder zu spät ein. Daher sollten Sie immer „CET" ausschreiben, mit Ausrufezeichen!
- ☑ Bereiten Sie sich gegebenenfalls auf eine interkulturelle Moderation vor (s.a. Kapitel 13 und 14). Bremsen Sie die manchmal überschwänglichen Gefühlsäußerungen einiger Südländer aus, kompensieren Sie die vornehme Zurückhaltung der Japaner, schützen Sie den prononcierten Nationalstolz der Inder, erklären Sie den manchmal etwas kühlen Humor der Briten …
- ☑ Bereiten Sie sich auch auf die Moderation kulturspezifischer Argumentationsneigungen vor. Kultivieren Sie die eventuelle Cowboy-Argumentation der Amerikaner mit der Detailwut der deutschen Ingenieure – und umgekehrt. Konkretisieren Sie chinesische Wortmeldungen, wenn diese stärker durch Höflichkeit als durch Sachlichkeit geprägt

sind. Unterfüttern Sie die regelmäßigen „No Problem!"-Statements aus Asien mit Anfragen an die westlichen Teilnehmer zur konkreten Durchführung von Vorhaben. Legen Sie sich die Formulierungen dafür vor der Konferenz zurecht!
- ☑ Und moderieren Sie das immer so, dass alle ihr Gesicht wahren! Dazu muss man nicht Henry Kissinger heißen! Das kann man sich angewöhnen. Tun Sie das bitte. Sie tun damit gleichzeitig etwas für Ihre persönliche Entwicklung, was sich auch und gerade im familiären Umfeld wohltuend auswirken wird.
- ☑ Bereiten Sie einen Icebreaker (s.u.) vor.
- ☑ Sie sind nervös? Das ist ein gutes Zeichen. Nervöse Moderatoren sind gute Moderatoren, weil sie auf die Befindlichkeiten ihrer Teilnehmer achten.
- ☑ Sie sind überhaupt nicht nervös, weil sie „das Kind schon schaukeln" werden? Vorsicht! Risiko gefährlicher Selbstüberschätzung! Die nervigsten Moderatoren sind jene, die sich für die Größten halten.

Mächtig lange Checkliste? Ignorieren Sie deren Länge. Checken Sie vor Konferenzen einfach stur Punkt für Punkt ab und pfeifen Sie drauf, dass es immer wieder mal Lücken geben wird. Wichtig sind nicht die Kästchen ohne, sondern die Kästchen mit Häkchen ...

Und noch eine Quizfrage: Welche Meetings benötigen mehr Vorbereitungszeit? Präsenzmeetings oder Telemeetings? Klar, logisch: Telemeetings. Nächste Frage: Welche Meetings bekommen mehr Vorbereitungszeit? Wenn ich diese Frage in Seminaren stelle, ist die Antwort überwiegend: „Präsenzmeetings!" Warum? Weil Telemeetings chronisch unterschätzt werden: „Ist ja bloß ein etwas anderes Telefonat!" Terrible erreur!

Punkt für Punkt: Konferenzen leiten

- ☑ Denken Sie an die Big Four (s. Kapitel 2)! Eröffnen Sie eine Konferenz daher niemals sachlich, sondern immer mit einem Icebreaker und/oder fünf Minuten Small Talk zu Themen wie „Wie geht's euch allen? Was läuft bei euch vor Ort sonst so? Was macht die Gesundheit?"
- ☑ Teils Icebreaker, teils erste Teamdiagnostik: „Wie ist die Stimmung an eurem Ende der Leitung? Auf welchem Weg seht ihr das Projekt, Stand heute?" Lassen Sie sich ein wenig auf die Diskussion der Befindlichkeiten ein (das reduziert die gefühlte Distanz und die Isolation der Teammitglieder).
- ☑ Aber gehen Sie nach spätestens fünf Minuten langsam zu TOP 1 über.
- ☑ Erinnern Sie zu Beginn einer Telko an das (eben nicht) Offensichtliche: „Wir sehen uns nicht, wir hören uns bloß. Also können Sie es den anderen nicht am Gesicht ablesen, wenn Sie ihnen versehentlich zu nahe getreten sind. Formulieren Sie daher bitte stets umsichtig und kollegial. Melden Sie sich andererseits bitte sofort, sollte sich jemand versehentlich im Ton vergriffen haben!"
- ☑ Trotzdem können Sie Ihre Teilnehmer „sehen": Beobachten Sie Tonfall, Stimmführung, Pausen und averbale Signale wie Räuspern, Hüsteln, Zögern, Hm, Äh … Daraus lässt sich einiges zur Stimmung am anderen Ende ableiten.
- ☑ Werden Sie vor allem dann hellhörig, wenn bestimmte Teilnehmer bereits minutenlang ostentativ schweigen. Was ist da los? Nachfragen! Aber nicht: „Hermann, was ist los? Zunge verschluckt?" Sondern: „Hermann, was meinen Sie dazu? Kann es sein, dass Sie das Ganze für keine so gute Idee halten? Was stört Sie genau?"
- ☑ Ideales Stilmittel für umsichtige und kollegiale Formulierung: Fragen statt sagen. Zum Beispiel nicht: „Das halte ich für unrealistisch!" Sondern: „Was bräuchten wir, um das umzusetzen?"
- ☑ Auch Fragen will gelernt sein. „Gibt es dazu noch Fragen?" ist zum Beispiel leicht dämlich, weil sich daraufhin keiner melden wird. Es ist eine geschlossene Frage. Besser sind offene Fragen: „Welchen

Punkt davon sollten wir jetzt noch genauer beleuchten?" Da traut sich schon eher eine(r).

- ☑ Visualisieren! Das ist oberste Pflicht in Präsenzmeetings. Um bei einer Telko nicht den Faden zu verlieren, sollten Sie daher grob mitnotieren und regelmäßig den Stand der Diskussion mündlich zusammenfassen.
- ☑ Erinnern Sie auch mehrfach unaufdringlich an das Ziel des Meetings, des Projektes und einzelner TOP. Sonst passiert nämlich: Aus den Augen, aus dem Sinn …
- ☑ Machen Sie TOP-weise W-Moderation: „Okay, genug diskutiert – wer macht jetzt was bis wann wie, mit wem und welchem Budget?"
- ☑ Gehen Sie auf jeden Regelverstoß ein: freundlich aber bestimmt. Erinnern Sie an die Einhaltung der Regeln.

Das hört sich alles sehr vernünftig und daher extrem trivial an. Warum erleben wir die Punkte dieser Checklisten dann nicht häufiger im wirklichen Leben? Weil etliche Teamleiter bei virtuellen Konferenzen in eines von zwei Extremen abrutschen. Die einen betreiben Laissez faire und die anderen spielen den Diktator. Nicht, weil sie inkompetent wären, sondern weil sie das im ganzen anderen Leben seit 30 Jahren auch schon so machen und gar nicht mehr bemerken. Jeder von uns hat Tendenzen in die eine *und* die andere Richtung. Was tun? Viererlei:

- ☑ Erkennen Sie Ihre eigenen Moderations- und Kommunikationspathologien. Erkenntnis ist der erste Schritt zur Besserung. Erkennen Sie sie auf jeden Fall nach der Konferenz und erinnern Sie sich vor der nächsten daran.
- ☑ Nehmen Sie sich niemals vor: „Das muss ich mir endlich abgewöhnen!" Schon vor der modernen Hirnforschung war klar, dass das Hirn nichts vergessen kann. Es kann nur alte Routinen mit neuen „überschreiben".
- ☑ Überlegen Sie sich daher zu ganz konkreten, wiederkehrenden Situationen für die alten, destruktiven Verhaltensmuster neue,

konstruktive Verhaltensweisen bis hinunter zur einfachen Musterformulierung. Gehen Sie diese gedanklich so oft wie möglich durch (Stichworte: Future Pace, Visualisierung – Googeln Sie, wenn Sie möchten) und üben Sie diese trocken, so oft wie möglich.
- ☑ Belohnen Sie sich innerlich überschwänglich für jedes Mal, bei dem Sie die neue Verhaltensweise auch nur ansatzweise anbringen.

Checkliste: Am Ende der Konferenz

- ☑ Fassen Sie alle Beschlüsse zusammen. Sie werden sich wundern, wie viele Teilnehmer den einen oder anderen Beschluss im Laufe der Konferenz verschlafen oder gründlich oder teilweise missverstanden haben.
- ☑ Verschicken Sie die To-do-Liste nicht erst mit dem Protokoll, sondern fassen Sie Wer macht was bis wann? am Ende der Sitzung zusammen.
- ☑ Eben weil man sich bei einer Telko nicht sieht, fragen Sie am Ende immer: „Wie sind Sie alle mit der heutigen Sitzung zufrieden? Auf einer Skala von 0 bis 10? Was war gut? Was werden wir beim nächsten Mal besser machen?"
- ☑ Notieren Sie sich die vorgeschlagenen Verbesserungen und erinnern Sie bei der nächsten Vorbereitung und Einladung daran!
- ☑ Vereinbaren Sie gleich den Termin für die nächste Konferenz. Das geht schneller als das hinterher zu tun.
- ☑ Ein starker Leader ist stark genug, fruchtlose Konferenzen abzubrechen und zu vertagen: „Ich glaube, wir kommen hier nicht weiter. Ich schlage vor, jeder entwickelt erst einmal im stillen Kämmerlein ein oder zwei Vorschläge, die wir dann beim nächsten Mal diskutieren."

Checkliste Videokonferenz

☑ Üben Sie trocken den Umgang mit der Technik oder vergewissern Sie sich, dass ein Teilnehmer vor Ort die Technik beherrscht.

☑ Halten Sie einen Techniker im Hintergrund in Bereitschaft. Pannen sind teuer, peinlich, relativ häufig und vermeidbar.

☑ Lassen Sie die Kameras so ausrichten, dass sie die Gesichter möglichst groß zeigen, damit die Mimik deutlich rüberkommt. Sonst können Sie auch gleich eine Telko veranstalten ...

☑ Platzieren Sie so viele Mikrophone so raumdeckend, dass man wirklich alle Teilnehmer hören kann. Wird leider oft „vergessen".

☑ Manchmal gibt es immer noch einen Time Lag zwischen Bild und Ton. Machen Sie zu Beginn darauf aufmerksam, damit man sich darauf einstellen kann.

☑ Vereinbaren Sie zu Beginn auch: Wer etwas sagen möchte, sollte vorher Handzeichen geben. Sonst kommt es immer mal wieder zu Verwirrung ...

☑ Vereinbaren Sie konstruktive Gesten wie „Daumen hoch". Zustimmendes Volksgemurmel kommt nämlich bei Videokonferenzen nicht so gut rüber ...

☑ Videokonferenzen sind nicht unbedingt effizienter und schneller zu Ende, bloß weil man sich sehen kann! Die Erfahrung zeigt im Gegenteil, dass Videokonferenzen länger dauern als Präsenzmeetings.

☑ Bei neuer Konferenz-Software auf dem PC: Bitte spätestens sieben Tage vor Termin einen Systemcheck möglichst mit praktischer Anwendung starten. Jeder Software-Anbieter hat auf seiner Homepage so einen Systemcheck.

☑ Tipp für den Kick-off: Vor der ersten Videokonferenz am PC schickt jeder Teilnehmende ein Bild von sich an den Projektleiter. Das blendet man dann ein, wenn das betreffende Mitglied sich vorstellt – und der Einkauf keine Webcam für jeden Teilnehmenden genehmigt hat.

☑ Es kommt übrigens viel besser an, wenn der Leitende oder Moderator bei Videokonferenzen stehend moderiert: Das gibt mehr Energie

und macht mehr Eindruck. Richten Sie die Kamera/Webcam entsprechend aus.
- ☑ Wenn aus Kostengründen nur der Moderator eine Kamera hat, hängt er völlig in der Luft, weil er sein Publikum nicht sieht. Tipp von Profis: Bilder der Teilnehmenden an den Bildschirm kleben. Falls nicht vorhanden: Bilder von lächelnden Businessleuten tun's auch. Dann sprechen Sie zu einem Publikum – und wirken ganz anders, professioneller, die Meetingeffizienz steigt.

Der Overconfidence Bias

Was ist der Unterschied zwischen erfolgreichen und mittelmäßigen Teamleitern? Die Mittelmäßigen regen sich über die letzten drei Kapitel eher auf oder überblättern sie: „Wir wissen schließlich alle, wie ein Telefon funktioniert!" Schaut und hört man dann mal in die Video- und Telefonkonferenzen dieser Teamleiter rein, packt einen das kalte Grausen: die galoppierende Ineffizienz. Das ist der Fluch der Mittelmäßigkeit: Selbstüberschätzung, Overconfidence. Die wirklich erfolgreichen Teamleiter wissen dagegen:

> Kommunikation ist alles!

Sie feilen täglich an ihrer Kommunikation und der ihres Teams. Sie sind Kommunikationsfanatiker. Das Resultat: hoch effiziente Konferenzen, exzellente Stimmung dabei – und das Team hat einen Heidenrespekt vor dem leitenden Kommunikationsgenie. Das wünsche ich Ihnen auch.

In aller Kürze: Richtig konferieren

- Arbeiten Sie ohne großen Aufwand aber stetig und unermüdlich an der Effizienzsteigerung Ihrer Video- und Telefonkonferenzen: Es geht immer noch ein wenig besser!
- Vereinbaren Sie: Eine Telko ist kein Telefonat, sondern ein Meeting! Daher: Keine Teilnahme von der Bahnsteigkante!
- Vorbereitung ist die halbe Miete. Zwingen Sie sich nötigenfalls zu einer guten Vorbereitung.
- Benutzen Sie die Checklisten in diesem Kapitel. Kopieren und vergrößern Sie sie. Modifizieren Sie sie nach gusto.
- Machen Sie aus der Steigerung der Konferenzeffizienz einen Team Effort: „Was können wir noch tun, damit bei unseren Konferenzen schneller mehr heraus kommt?"
- Wenn es immer wieder zu denselben Störungen kommt (durch Rechthaber, Negaholiker, Profilneurotiker, Paranoiker, Zweckoptimisten …), die Sie nicht (schnell genug) in den Griff bekommen: Fragen Sie einen professionellen Moderator, Trainer oder Coach nach alternativen Musterlösungen. Selbst wenn das was kostet: Der ROI ist hoch.
- Beobachten und genießen Sie: Je intensiver Sie an Ihrer Konferenzeffizienz arbeiten, desto stärker werden Sie und Ihr Team belohnt, desto stärker steigt Ihre Produktivität, desto mehr Spaß bekommen Sie daran, desto stärker steigt die Produktivität, desto mehr werden Sie respektiert und geachtet, desto … et cetera ad infinitum.
- Völlig logisch: Ein Team kann auch mäßigen Erfolg haben, wenn jeder daherredet als sei er mit dem Klammerbeutel gepudert. Aber richtig großer Erfolg und richtig viel Spaß im Team ist nur mit exzellenter Kommunikation möglich. Ihre Wahl.

„Wer seine unbewussten Verhaltensprädispositionen
noch nicht einmal als kulturelle Prägung erkennt,
darf bei uns kein internationales Team führen."

Vorstandsmitglied eines Konzerns

13 Leading across Cultures

Der Babylon-Effekt

Wir leben im Zeitalter der Globalisierung. Teams sind international besetzt. Das ist selbstverständlich. So selbstverständlich wie die Geldvernichtung, die damit betrieben wird. Internationale Teams funktionieren nicht (es gibt Ausnahmen). Sie vernichten mehr Effizienz als jede Bankenkrise. Jahr um Jahr.

Wie reagieren die meisten Vorstände, Manager und Betroffenen darauf? Mit Achselzucken. Es wird als gegeben betrachtet. Gottes Wille. Es wird untern Teppich gekehrt. Weil die immense Geldvernichtung nicht mit Zahlen belegt wird (das Controlling erfasst keine Kulturkriege), wird so getan, als gäbe es sie nicht. Weil die meisten Manager nicht so recht wissen, woher sie kommt. Dabei ist die Erklärung einfach:

> Nicht die Sprachbarriere sabotiert internationale Teams. Englisch kann inzwischen fast jeder. Kultur können die wenigsten ...

Die meisten Menschen bemerken noch nicht einmal im familiären oder betrieblichen Rahmen, wenn ihr Gegenüber eingeschnappt ist. Per E-Mail, Telko oder Video-Konferenz wird diese Aufgabe nicht leichter. Darauf müsste man schon bewusst achten. Tut man nicht. Weil man hauptsächlich auf Sachinhalte, die Tagesordnung, seine Wünsche, Interessen und politische Spielchen, Cover your ass, den institutionellen Narzissmus und Impression Management achtet. Deshalb bemerken es nur die wenigsten, wenn der Babylon-Effekt die Teameffizienz zerlegt. Man bemerkt vielleicht noch nicht einmal, dass „der Engländer" im Team beleidigt ist.

Bloß weil die deutsche Kollegin ihm bedeutete: „So geht das nicht. Damit kann ich nichts anfangen." Was die Deutsche als offen, ehrlich, klar und sachbezogen empfindet, kommt beim Engländer als granatenmäßige Unverschämtheit an: „Interesting attitude" kommentiert der Engländer hinter vorgehaltener Hand die Äußerung seiner deutschen Kollegin und erntet damit verständiges Grinsen von seinen Landsleuten. In seinem Team geht es danach weiter wie bisher: Deutschland vs. England, es steht unentschieden. Wer gewinnt, kann man noch nicht sagen. Aber wer verliert: das Projekt, das Unternehmen, die Teamleistung, der ahnungslose Projektleiter und alle anderen Beteiligten und Betroffenen. Es ist ein Horror ohnegleichen, wie viel Geld der Babylon-Effekt jeden Tag vernichtet.

> **Sie haben ein internationales Team. Gut. Können Sie auch international führen?**

Oder wie ein entnervtes Teammitglied am Ende einer internationalen Telko sagte: „Das eben war kein Meeting. Das war ‚Kampf der Nationen'." Wie reagieren die meisten ungeschulten Menschen auf diesen Kulturkampf? Mit Kulturblindheit in unterschiedlichen Formen:

- Mad-Strategie: „Immer diese verdammten …!" (Füllen Sie die entsprechende Nationalität ein). Die Angehörigen andere Kulturen werden einfach für „mad", für verrückt, bescheuert, zurückgeblieben, sonderbar, ungebildet erklärt. Ja, das ist die galoppierende Arroganz …
- Bad-Strategie: „Das machen die absichtlich! Die wollen uns ärgern! Die nehmen uns nicht ernst!" Das heißt: Die sind „bad", bösartig. Und, ja: Das ist die galoppierende Paranoia.
- Verdrängung: „Es gibt in unserem Unternehmen keine kulturellen Unterschiede." Im Ernst: Das behaupten viele Topmanager. Das Tollste: Sie glauben das wirklich.
- Divergenz: „Dann sollen die halt ihr Ding machen – wir machen unser Ding."
- Indolenz: „Ist halt so. Kann man nichts machen!"
- Stiller Boykott: „Lass den Gallier eben warten. Was will er schon machen?"
- Empörung und illusorischer Erwartungshaltung seitens Vorgesetzter, Geschäftsführung und Auftraggeber: „Die sollen sich vertragen! Sind doch alles erwachsene Leute!"

Als ob man das Diplom der interkulturellen Kompetenz mit Erreichen der Volljährigkeit vom kommunalen Interkulturbeauftragten automatisch überreicht bekommen würde. In der wirklichen Welt haben solche kulturfeindlichen Attitüden fatale Folgen für die Teamleistung. Sehen wir uns ein Paradebeispiel dafür an.

Was können wir von ihnen lernen?

Kulturblindheit rächt sich immer – auch wenn die Kulturblinden das oft nicht bemerken oder auf die fatalen Auswirkungen dann ebenso blind reagieren wie auf die kulturellen Unterschiede. Betrachten wir ein typisches Beispiel.

Ein westeuropäisches Team hat mächtig Krach mit einem indischen Team, das die Europäer extra für gewisse Sonderaufgaben engagiert haben. Ich werde als Feuerwehr gerufen. Wie immer in solchen Situationen frage ich irgendwann die Westler: „Was glauben Sie, was könnten Sie denn von den Indern lernen?" Und wie immer ernte ich auf diese Frage hin dieselbe Reaktion.

Dabei könnte man einiges von den Indern lernen. Sie sind oft gelassener bei der Arbeit, machen funktionierendes Multitasking, gehen mit Unsicherheit absolut resilient um und wären auch in vielen anderen Dingen ein schönes Vorbild. Doch das wurden sie nie. Denn als ich die Frage stelle, was West von Ost lernen könnte, verstehen die Westler die Frage schlicht nicht. Einer aus dem Team sagt: „Wir wollen doch nichts von denen lernen!" Warum nicht? Was tippen Sie? Ist Ihre interkulturelle Kompetenz schon so groß?

Richtig getippt: „Wir wollen nichts von denen lernen, wir haben die doch eingekauft, weil sie billig sind!" Wow. Und sowas im Zeitalter der Globalisierung. Als das West-Team endlich kapiert, warum sie dauernd Krach mit den indischen Kollegen haben, sagte der Teamleiter schockiert: „Wir bemühen uns seit Wochen, die Effizienz im Team zu steigern und wenn wir tatsächlich mal eine erstklassige Chance bekommen, etwas dazu zu lernen, schlagen wir sie aus purer Arroganz aus. Super. Ich bin mir selber peinlich ..." Der Mann hat das wenigstens noch rechtzeitig gemerkt. Viele merken es ein Leben lang nicht ...

Anstatt in allerlei Formen von Kulturblindheit (s.o.) zu flüchten und die zwangsweise daraufhin einsetzenden Konflikte zu ertragen, könnte man doch mal fragen:

> „Die machen das ganz anders als wir. Könn(t)en wir von denen noch was lernen? Was?"

Warum wird diese simple Frage so selten gestellt? Weil wir die eigenkulturelle Brille aufhaben. Und mit dieser Brille bewerten wir intuitiv aus dem Bauch heraus ethnozentrisch: „Wie machen die das denn? Total bescheuert!" Wer sich dieser vorschnellen Urteile bewusst wird und der Versuchung widersteht, auf sie hereinzufallen, hat wirklich interkulturelle Kompetenz.

Nach Meetings beklagt sich zum Beispiel mancher deutsche Manager: „Mein Verhandlungspartner hat mir zu Begrüßung nicht die Hand gegeben. Ich glaube, der hat ein Problem mit mir!" Ich frage dann schon routinemäßig: „War er Brite?" Ich bin seit 25 Jahren in Deutschland und kann mich immer noch nicht an das ständige Händeschütteln gewöhnen. Das heißt nicht, dass ich etwas gegen Sie habe. Es heißt lediglich, dass wir das in England nicht so oft machen. Jedes Mal, wenn sich mir eine der vielen deutschen Hände entgegenstreckt, denke ich unwillkürlich: „Was ist das? Ich hab doch heute nicht Geburtstag!"

Ein anderes Beispiel: Wenn ein Westmanager in Riad zwei Männer über die Straße laufen sieht, die sich an den Händen halten, dann ist seine erste Assoziation meist spontan, eindeutig – und falsch. Denn er sieht die Männer in Riad, nicht in Köln. In Köln bedeutet diese Geste etwas ganz anderes als in Riad. Das merken viele Westler bloß nicht. Sie merken, dass sie in Riad sind. Sie merken nicht, dass sie noch Köln im Kopf haben. Das aber ist der gefährlichste Ort von allen, an dem man Köln haben kann. Wer Köln an diesem Ort hat, ist nicht offen für eine andere Kultur. Das aber ist Grundvoraussetzung für interkulturelle Kompetenz: Offenheit, Open Mindedness.

> **Was ist das erste, das Sie denken sollten, wenn Sie Signalen einer anderen Kultur begegnen?**

Es gibt nur eine Antwort. Sie kommt mit nur einem Wort aus. Kennen Sie es? Sind Sie globalisierungskompetent? Die Antwort lautet: „Interessant!" Das denkt der Profi, wenn er einer anderen Kultur begegnet. Hundert Mal in der Stunde. Und nachts, wenn er träumt. Das Thema ist Ihnen alles in allem etwas peinlich? Sie sind nicht der/die Einzige damit.

Interkulturelle Meta-Kommunikation

Natürlich würde jeder vernünftige Mensch am liebsten einen großen Bogen um das Thema machen. Viele Teamleader fragen mich auch fast flehentlich: „Man kennt die anderen Länder doch vom Urlaub. Man kennt die Sitten. So groß sind die Unterschiede doch auch nicht. Müssen wir das denn unbedingt ansprechen?" Ich glaube, wenn Sie nicht die Antwort wüssten, wären Sie nicht hier. Sie lautet in drei Worten. Ja. Ja. Und: Ja.

- Sprechen Sie das Thema „Interkulturalität" an! Beim Kick-off oder bei der ersten Teamsitzung.
- Reservieren Sie Minimum eine Stunde dafür. Glauben Sie mir: Sie brauchen die Stunde.
- Manche Teams holen sich für das Thema Input von einem guten Trainer für Cross Culture.
- Noch besser ist es, wenn Teammitglieder oder Vertreter der jeweiligen Länder darüber informieren: „Wie halten wir es in unserer Kultur mit Kommunikation, Anweisung, Feedback, Pünktlichkeit, Qualität …?"
- Hilfreich: Informationen zu interkulturellen Do's & Don'ts insbesondere der Kommunikation.
- Wichtig: Do's & Don'ts bringen nicht viel, wenn die entsprechende Intercultural Awareness nicht vorhanden ist. Daher: Bewusstseinsbildung betreiben. Zum Beispiel mit Lehr-Episoden wie jener, die Sie eben lasen (s. o.).

- Ganz toll ist, wenn Sie an (anonymisiertem!) Material zu Vorfällen in früheren Projekten lernen, üben und rollenspielen können.
- Für Fortgeschrittene: Sprechen Sie mit Fingerspitzengefühl und Humor auch und gerade die gängigen Vorurteile an: „Wir Deutschen denken, ihr Spanier seid feurig, laut und unpünktlich – ihr seht das sicher ganz anders. Sagt mal." Wenn die Beziehungsebene stimmt, räumt man Vorurteile am schnellsten und nachhaltig im familiären Diskurs aus.
- Kein Geld oder keine Zeit für ein anständiges Briefing in Cross Culture? Kann nicht sein. Sie haben ein Projektbudget, richtig? Verteilen Sie es entsprechend um. Crossculture zählt zu den besten Investitionen, die Sie tätigen können. Es zahlt sich aus. Es ist die beste Vorbeugung und Vorbereitung. Sonst zahlen Sie irgendwann drauf: mit Konflikten, Effizienzverlust, Friktionen …
- Richten Sie in Ihrem Inter/Intranet-Forum eine Rubrik ein zum Thema: „Cross Culture: Fragen und Feedback".
- Vereinbaren Sie als oberste Pflichten im Team: Verständnis und konstruktives Feedback.
- Das heißt: Jeder Kollege bringt jedem Kollegen Verständnis entgegen, wenn dieser interkulturell mal daneben greift.
- Gleichzeitig verpflichtet er sich (Feedback-Gebot), ihn auf respektvolle Weise auf seinen Fehltritt aufmerksam zu machen und ihm zu zeigen, wie er das besser machen kann.

Man sollte meinen, dass sich jedes vernünftige Team dieser kleinen Übung unterziehen kann. Aber wie wir alle wissen, ist Vernunft kein allzu weit verbreitetes Phänomen … Man könnte sich so viel Ärger mit der obigen kleinen Checkliste ersparen. Tut man aber meist nicht. Dann muss man die Konsequenzen tragen. Die ärgerlichen Konsequenzen treten hauptsächlich in drei unschönen Spielarten auf:

- Kulturegozentrik
- Chamäleon-Effekt

- Kultur-Patt

Besuchen wir diese drei Kriegsschauplätze der Reihe nach.

Kulturegozentrik

Der deutsche Ingenieur ist zu Besuch in New York und sagt abends beim Umtrunk mit den (vorwiegend deutschen) Kollegen: „Nicht mal ein gescheites Bier kriegst du hier. Bekommt man bei euch vielleicht ein Paulaner? Die Plörre kann ja keiner trinken." Was ist das?

Das ist The Caveman Abroad, die häufigste Kulturpanne. Jeder kennt sie, jedem passiert sie – mir übrigens auch (sicher nicht in dieser Bier-Brutalität). Seltener als anderen, aber immerhin. Darauf kommt es nicht an. Sondern:

> Sie werden immer in irgendein Fettnäpfchen treten. Geschenkt. Wichtig ist, dass und wie schnell Sie es bemerken, sich entschuldigen, sich korrigieren – und nie wieder da reintreten.

Genau das machen aber Kulturegozentriker nicht. Sie wiederholen wie eine CD mit Macke immer dieselben Neander-Grunzlaute: „Diese ... ! (Nationalität einfügen) Denen muss mal jemand ... (Tugend, Skill, Kompetenz einfügen) beibringen!" Wahnsinnig viele deutsche Manager versuchen zum Beispiel in diesem Augenblick, chinesischen Mitarbeitern „Deutsche Pünktlichkeit" beizubringen. Der Kulturegozentriker versteht nicht, was daran falsch sein soll. Der Verständige schlägt die Hände überm Kopf zusammen, der Chinese empfindet das schlicht als Unverschämtheit. Damit kann man leben? Das täuscht. Davon kann man sich ganz einfach überzeugen. Schauen Sie mal, wie unbeliebt „die Amerikaner" in arabischen Kulturen sind. Sie provozieren nicht absichtlich. Sie tun einfach nur meist unbewusst so, als ob ihre Kultur Leitkultur wäre und das weltweit. Viele im Westen finden das lachhaft, viele Araber empfinden das als tödliche Beleidigung. Im Sinne des Wortes.

Als die Alliierten den Irak besetzt hielten, versuchten Briten wie Amerikaner mit verstärkten Straßenkontrollen der massenhaften Anschläge Herr zu werden. Bei den Briten gab es viel weniger Zwischenfälle, Schießereien und Tote während dieser Straßenkontrollen. Warum? Es gab viele Gründe. Etliche davon kulturell bedingt. Ein zentraler war: Amerikanische Soldaten kontrollierten mit Helm und Sonnenbrille, größtenteils grußlos. Die Briten nahmen immer höflich ihre Sonnenbrillen ab und grüßten so oft es ging in Landessprache. Das war höflich den Menschen und respektvoll der fremden Kultur gegenüber. Es löste Beißhemmung aus. Man hat Hemmungen, jemand über den Haufen zu schießen, der einem in die Augen schaut und in Landessprache grüßt:

> **Kulturegozentrik hat im Sinne des Wortes fatale Folgen. Dass sie größtenteils unbewusst passiert, macht die Toten nicht wieder lebendig ...**

Das ist auch einigermaßen klar. Warum schreiten dann so viele Teamleiter nicht ein bei kulturegozentrischen Ausrutschern ihrer Teammitglieder? Weil sie sachfragenblind hinterherlaufen: „Aber die Inder haben doch tatsächlich wieder mal Lieferung zugesagt und immer noch nicht geliefert! Also muss man die doch wirklich echt mal auf Zack bringen!" Manche lernen's nie.

„Auf Zack bringen" funktioniert nicht interkulturell. Noch nicht mal bei den Preußen. Man kann einem Inder geduldig erklären, dass er hervorragende Arbeit leistet, aber dass „unsere Kunden hier im Westen" manchmal etwas seltsam sind. Sie honorieren nicht, dass ein Teil geliefert wird. Sie wollen es auch zu einem ganz bestimmten Termin, ist das zu fassen? „Mir könnte das ja egal sein", erklärte das ein interkulturell kompetenter Teamleiter mal einem indischen Lieferanten. „Aber ich verliere meine Ehre gegenüber unseren Kunden, wenn ich nicht pünktlich liefere." Das verstand der Inder auf Anhieb – Ehrverletzung. Dass sein deutscher Auftraggeber entehrt wird, konnte er auf keinen Fall zulassen. Seither liefert er deutlich pünktlicher. Das ist das ganze Geheimnis:

> Argumentieren Sie nicht aus Ihrem eigenen Cultural Setting heraus. Erkunden Sie das Ihres Gegenübers und argumentieren Sie aus seinem heraus – auch wenn es ihnen fremd, exotisch, absurd erscheint. Sachlogik hilft hier nicht weiter, nur Kulturlogik.

Das funktioniert übrigens auch in Kontexten, in denen normalerweise babylonische Sprachverwirrung herrscht, weil die Kulturen gar zu unterschiedlich sind: in Familien. Und spätestens dort begreifen wir, warum das so schwer ist.

Eine Personalvorständin bei einem Technologie-Unternehmen fragte mich mal: „Wie soll ich denn einem deutschen Chemiker, der deutsche Chemiker seit 30 Jahren für die besten der Welt und unsere brasilianischen Kollegen für Kurpfuscher hält, seine Kuluregozentrik austreiben?" Meine Antwort: „Nicht per Crash-Kurs." Bei moderaten Kulturegozentrikern reicht die wiederholte Einsicht und ein Teamleiter, der diese Wiederholungen liefert. Bei hoffnungslosen Egozentrikern hilft bloß eines: nicht in internationale Teams stecken! Lieber den zweitbesten Fachmann entsenden. Was ihm an Fachkompetenz fehlt, macht er mit Kulturkompetenz wett.

Für alle dazwischen gilt das Rezept von Ruth Cohn: „Störungen sofort auf den Tisch!" Je öfter der Teamleiter darauf hinweist, je öfter Teammitglieder direkt und indirekt den Egozentriker darauf hinweisen, dass er das sicher so nicht gemeint hat, dass er beim nächsten Mal andere Worte wählen soll, desto eher fällt bei Egozentrikern der Groschen: Egozentrik ist keine Krankheit zum Tode. Kulturegozentrik ist heilbar. Eine Heilung übrigens, die sich lohnt.

Wenn Sie kulturkompetent sind, werden Sie Ihre internationalen Partner und Teammitglieder respektieren, ja oft auf Händen tragen. Das tun Menschen, wenn sie zur Abwechslung gut behandelt werden. Und: Die Teamleistung steigt deutlich. Dafür lohnt es sich allemal ...

Der Chamäleon-Effekt

Kulturegozentrik ist schlimm. Aber ins andere Extrem abzugleiten ist auch keine Lösung. Natürlich soll man auch als Norweger über die beste Pizza mitdiskutieren können und wollen, wenn die beiden Italiener im Team im Intranet eine Pizza-Rezept-Diskussion anzetteln. Aber als Schweizer wie die beiden Italiener über die Mafia und den aktuellen italienischen Regierungschef zu schimpfen – das geht nach hinten los. Vor allem auch deshalb, weil man die Stärken der eigenen Kultur nicht ohne Not einfach so aufgeben sollte ...

Man sollte anderen Kulturen mit Respekt begegnen und sie nicht übernehmen! Assimilation ist keine Ehrbezeigung. Wenn die spanische Geschäftsfrau zum Geschäftstermin in Tokio plötzlich im Kimono erscheint, verziehen alle Beteiligten das Gesicht. Das ist kein Respekt mehr, das ist Anbiederung, Übergriffigkeit und wird oft als Besserwisserei missinterpretiert. Man sollte ruhig zeigen, dass man auch eine eigene Kultur hat. Der französische Teamleiter zum Beispiel hat nach einem ersten Anfall von eklatanter Kulturegozentrik nie wieder zur

Zeit des Freitagsgebets ein Meeting oder eine Telko abgehalten. Die drei Muslime in seinem Team wissen das zu würdigen – aber sie würden sich schwer wundern, wenn der Teamleiter plötzlich in ihrer Moschee auftauchen würde. Dasselbe gilt für Geschäftsessen.

Einem gestandenen Bayern servierten sie tatsächlich mal im tiefsten Texas Schweinswürste mit Sauerkraut – zur Erinnerung an seine Heimat. Der Bayer meinte trocken: „Erstens war ich nur auf Stippvisite und hab die Heimat drei Tage später sowieso schon wieder gesehen. Zweitens kriegt doch keiner in Amerika das Sauerkraut so hin wie Mama! Und drittens hätt ich mich über ein echt original texanisches Barbecue gefreut – das krieg ich hier in München nämlich nicht!"

> Respektieren Sie fremde Kulturen. Verbiegen Sie sich nicht. Das ist nämlich auch auf seine eigene Art respektlos.

Kultur-Patt

Eben weil schon seit Erfindung der Globalisierung so viel falsch gemacht wurde, hängt in etlichen Teams und Unternehmen der interkulturelle Haussegen schief. Bei einem großen Mittelständler weiß jeder, der einem Team beitritt: „Pass auf die Spanier auf, die machen Siesta von elf bis drei!" Die Spanier ihrerseits tuscheln: „Ignorier die deutschen Haarspalter einfach. Die brüllen nur, beißen tun sie nicht." Wann immer es ein deutsch-spanisches Projekt gibt, wachsen dem Geschäftsführer prophylaktisch schon mal graue Haare: „Die Projekte sind brüllend ineffizient." Warum?

Weil es hier zu einem Kultur-Patt gekommen ist, das jeder sieht, gegen das aber keiner etwas unternimmt – von Moral Suasion einmal abgesehen: „Nun reißt euch mal zusammen! Das muss doch endlich anders werden." Wird es nicht. Wird es erst, wenn jemand kapiert, wie man ein Patt auflöst:

> Ein Patt löst sich nicht von alleine, durch Appelle oder göttlichen Ratschluss auf. Es löst sich nur durch Vermittlung auf.

Wie? Am einfachsten natürlich durch einen Kick-off. Menschen, die sich intensiv persönlich begegnet sind, entwickeln eine Beißhemmung, begegnen sich mit Respekt und überwinden kulturelle Barrieren. Wenn ein Kick-off nicht drin ist, dann hilft auch schlicht Vermittlung klassischer Art: Meeting oder Telko explizit und exklusiv zum Thema „Kulturkonflikte". „Ich habe dafür nicht die nötige Kompetenz", zieht nicht als Argument.

Denn dafür braucht man lediglich etwas Mumm und viel gesunden Menschenverstand. Natürlich können Sie mit etwas Budget auch einen externen interkulturellen Mediator mit Konflikt- und Kulturkompetenz engagieren. Wenn er gut ist, wird er nicht in den Ursachen des Patts bohren, sondern nach einer ersten Auskotz-Runde (alle toben sich erst mal zehn Minuten aus) schnell zum Eigentlichen kommen: Was soll sich am Umgang miteinander, an der Kommunikation und den Prozessen ändern, damit ihr künftig besser miteinander auskommt? Dann brainstormt man und vereinbart im Konsens einige Abhilfen – und schon ist das Patt aufgelöst. Natürlich knirscht es noch einige Wochen. Aber Knirschen ist besser als Stillstand. Wie machen das Spitzenteams?

Die beste aller Welten

Wenn man nicht hin und wieder ein Spitzenteam besuchen könnte, würde man den Glauben an die Welt verlieren. Spitzenteams haben die kulturelle Frage gelöst, wie nur Spitzenteams das können: Es gibt nicht *die* Leitkultur im Sinne einer Landeskultur, die sich durchgesetzt hat.

Es gibt vielmehr eine Teamkultur, die sich aus ausgesuchten Elementen der einzelnen Landeskulturen zusammensetzt. Wie eine Projektleiterin in der Kosmetik sagt: „Eigentlich ganz lustig – und nützlich. Bei den Laborwerten verfolgen wir die Präzision der Schweizer Kolleginnen und Kollegen. Aber was die Abläufe und die Abstimmung angeht, machen wir es wie unsere Italiener: Viel Palaver, Gelächter und gegenseitiges aus der Bredouille hauen. Es geht öfter was schief, aber keiner nimmt das tragisch und alle helfen mit, es auszubügeln." Nachdenklich fügt sie an: „Ich wünschte mir, es würde auch in unserer Familie so harmonisch zugehen." Hm. Was soll man dazu sagen? Teamkompetenz macht offensichtlich nicht nur einen besseren Teamleader aus Ihnen, sondern ist auch gut für die Familie – wenn sie dort zum Tragen kommt.

Die Sprachbarriere

Ein Unternehmen kauft eine Firma in Rumänien. Keiner der Manager des Käufers spricht Rumänisch. Kein Manager der aufgekauften Firma spricht Deutsch. Trotzdem werden nach dem Kauf Meetings ohne Dolmetscher abgehalten. „Es spricht ja alles Englisch", sagt der deutsche Geschäftsführer. „Was die unter Englisch verstehen, versteht doch kein Mensch!", sagen die deutschen Manager am Verhandlungstisch. Was ihre rumänischen Counterparts dazu sagen, weiß niemand, weil niemand ihre Sprache spricht. Die Firma wurde billig gekauft (anders kauft man Firmen nicht), weil sie in Schwierigkeiten steckt. Binnen sechs Monaten wollte der Käufer den Turnaround schaffen, weil sonst die Kreditlinie wankt. Inzwischen ist ein Jahr vergangen, die Verluste häufen sich, die Bank wird ungeduldig, es zeichnet sich in beiden Betrieben ein Kultur-Patt (s. o.) ab …

> Weil nur Marktchancen, Prestigefragen, Investitionsoptionen und Cashflow gesehen werden, wird die Sprachbarriere entweder meist völlig übersehen oder bagatellisiert.

Wenn das dann herauskommt und ich irgendwann frage, warum dann nicht wenigstens ständig Dolmetscher dabei sind, höre ich oft: „Wir dachten, mit der Zeit geht das auch ohne!" Wahnsinn. Da hilft nur eines:

> Überwinden Sie die Sprachbarriere!

- Klären Sie ab, was offizielle Teamsprache sein soll.
- Wenn es Englisch sein soll: Beherrschen das wirklich alle?
- Versuchen Sie, das herauszufinden.
- Mit Fingerspitzengefühl. Denn offen zugeben wird keiner seine Anglophobie oder sein „This is a hat!"-Schulenglisch.
- Bei längerfristigen Projekten: Organisieren Sie Sprachkurse! Lohnt sich immer.
- So convenient wie möglich per E-Learning, Blended Learning, CD oder DVD.
- Fragen Sie doch mal Ihre Personalabteilung oder Personalentwicklung, warum solche Kurse bei der großen Anzahl von international besetzten Teams im Unternehmen nicht besser und kompakter sind und leichter zugänglich.
- Geben Sie die Maxime aus: „Wer sich über einen radebrechenden Kollegen lustig macht, tut keinem einen Gefallen!"
- Erklären Sie: „Wenn etwas unklar ist – fragt nach! Es liegt meist nicht an der Sache oder am Kollegen, sondern an der Sprache!"
- Vereinbaren Sie: „Wenn etwas unklar ist, weil das eigene Sprachverständnis nicht ausreicht – bitte sofort nachfragen."
- Und: „Niemand darf schief angeschaut werden, wenn er nachfragt."

- Passen Sie sich an das Sprachniveau Ihres jeweiligen Gegenübers an. Wenn Sie Native Speaker sind, können Sie dem armen alten Pisa-geschädigten Deutschen nicht das Englisch Shakespeares um die Ohren hauen, for heaven's sake!
- Mokieren Sie sich nie niemals nicht über die Sprachkünste von Kolleginnen und Kollegen! Das ist ganz schlechter Stil und im Übrigen ein Bumerang.
- Wenn Menschen nur bedingt die nötige Fremdsprache sprechen und sich ständig darin verheddern, hilft oft besser als Vokabelnpauken (für das keiner Zeit hat), eine vereinfachte Version von Marshall B. Rosenberg (s. Kapitel 10): 1) Facts, Beobachtungen, 2) Empfindungen, 3) Bedürfnisse, 4) Wünsche. Merke: Wer klare Gedanken hat, findet auch einfacher eine klare Sprache dazu.
- Genereller Tipp: Je weniger Sie von einer Sprache verstehen, desto intensiver sollten Sie den sogenannten Kontrollierten Dialog pflegen. Also: Wiederholen, Paraphrasieren, Nachfragen, Zusammenfassen, bestätigen lassen. Funktioniert auch glänzend in der eigenen Sprache ...

Ärgerlich an der Sprachbarriere ist nicht, dass es sie gibt. Ärgerlich ist, dass da ein Elefant im Wohnzimmer steht und keiner tut was dagegen! Aber das sage ich dem/der Falschen: Sie sind ja hier. Sie wollen es besser machen. Ich verrate Ihnen etwas: Sie *werden* es besser machen.

Wie direkt dürfen Sie sein?

Es reicht nicht, wenn Sie eine Sprache beherrschen. Sie sollten auch den Sprachgebrauch beherrschen, zum Beispiel den Unterschied zwischen direktem und indirektem Sprachstil.

Welche Nationen sprechen gern direkt, ohne Umschweife auf den Punkt? Richtig geraten: zum Beispiel Holländer und Deutsche. „So geht das aber nicht!" In beiden Ländern hört man das tagtäglich. Nicht in China oder Indien und anderen Ländern Asiens. Auch nicht in England. In diesen Ländern wird nicht direkt, sondern indirekt gesprochen. Warum? Kleiner Test für Ihre interkulturelle Kompetenz.

Richtig geraten: Weil in indirekt kommunizierenden Kulturen mit der indirekten Kommunikation die Beziehung geschützt werden soll. Weil ein Nein, eine Ablehnung oder Zurückweisung den Abgelehnten das Gesicht verlieren lässt. Deshalb sagen Inder zum Beispiel nicht Nein. Sie sagen Nein, indem sie nicht Ja sagen. Oder indem sie ihr Nein so kunstvoll verzieren, dass ein Nicht-Inder Probleme hat, das als Nein wahrzunehmen. Für interkulturell Kompetente ist das aber leicht zu erkennen: Inder sagen normalerweise zu ziemlich jedem Vorschlag Ja. Wenn sie es mal nicht oder nur mit Zögern tun, sollte einem das zu denken geben. Dann ist das ein indisches Nein.

- Thematisieren Sie solche länderspezifischen Sprachgebrauchsregelungen an ganz konkreten Formulierungen mit direktem Bezug zu Ihrem Projekt. Zum Beispiel: „Wenn also unser südkoreanischer Kollege ‚Machen wir prompt!' sagt, dann bedeutet das ..."
- Übersetzen Sie indirekte Vokabeln in die direkte Sprache. Wenn ein Inder zum Beispiel „I'll try!" sagt, ist das ein elegantes, kulturbedingtes Nein.
- Geben Sie praktisch ein Lexikon „Direkt/Indirekt" heraus. So lernen Direktsprecher, höflich indirekt zu formulieren und indirekte Redewendungen ins Direkte zu übersetzen. Indirektsprecher lernen, dass die Direktsprecher es nie so persönlich und verletzend meinen, wie es oft ankommt.
- Geben Sie als Übersetzungsgrundregel aus: „Nie nur auf die Worte hören, sondern immer versuchen, die Bedeutung dahinter zu ergründen!" Das heißt: Gesamtkontext, Stimmlage, Zögern, Körpersprache (falls beobachtbar).

- Falls die Bedeutung auch nur andeutungsweise unklar ist: Nachfragen. Standardfrage dazu: „Wie meinen Sie das? What do you mean by that? Qu'est-ce que ca veut dire?"

Fortgeschrittene kommunizieren übrigens reflektiert, das heißt im Bewusstsein ihres eigenen Sprachgebrauchs. Nach fünf Minuten begeistertem, ausuferndem, mit Superlativen geschmücktem Reporting in der Telko sagte ein italienischer Ingenieur zum Beispiel: „In den Worten meiner deutschen Kollegen würde das schlicht heißen: Alles im grünen Bereich." Einer der Deutschen revanchierte sich kurz danach augenzwinkernd und begleitet vom Gelächter des Teams, indem er meinte: „Das waren die nackten Zahlen. Wäre ich Italiener, würde ich sagen: Mit diesen Ergebnissen machen wir Bella Figura!" Das ist Interkulturkompetenz. Wir spüren auf Anhieb, wie gut das Klima in diesem Team ist, wie gern hier alle arbeiten und: Wer gern arbeitet, arbeitet gut. Geheimnis. Nicht weitersagen ...

Tiefstes Mittelalter

Susanne tobt: „Diese Slowenen! Dauernd große Sprüche klopfen aber dann nicht liefern. Der Meilenstein sollte spätestens gestern früh abgenommen sein und heute Nachmittag ist immer noch keine Meldung da! Denen blas ich jetzt aber mal den Marsch!" Gabriele hat etwas mehr interkulturelle Kompetenz. Sie bremst die junge Kollegin mit einem guten Rat: „Prüf lieber erst mal nach, ob der Report irgendwo hängengeblieben ist, bevor du irgendjemand die Leviten liest!" Susanne tut das. Es stellt sich heraus: Der Geschäftsführer hat sich die Freigabe gekrallt, weil er heute einen Termin mit der Konzernmutter hat und damit angeben möchte. Gabriele kommentiert: „Stellen Sie sich vor, die Kollegin hätte die Slowenen angeblafft – der nächste Meilenstein wäre sicher nicht on target reingekommen. Die hätten uns das büßen lassen. Täten wir doch auch." Warum?

> Vorurteile sind Kompetenzkiller.

Wir alle haben Vorurteile (ich auch). So sind wir Mitglieder von Homo Sapiens eben. Das ist nicht schlimm. Schlimm ist bloß, wenn ich es meinen unbewussten Vorurteilen erlaube, meine Arbeit, meine Leistung und mein Ansehen zu sabotieren. Gabriele weiß das. Deshalb interveniert sie immer dann, wenn Vorurteile auftauchen. Nicht nur im Akutfall, sondern generell:

> Wann immer Vorurteile im Team auch nur scherzhaft ausgesprochen werden: Intervenieren Sie! Geduldig, wertschätzend aber unerbittlich konsequent.

In mittelmäßigen und schlechten Sales Teams zum Beispiel kursieren ständig was? Richtig: Vorurteile über Kunden. „Diese technischen Laien! Keine Ahnung von den Zusammenhängen!" Natürlich gibt es für diese Vorurteile massig „Beweise". Doch wem hilft das? Was hilft das? In Spitzenteams werden Sie so etwas nie hören. Sondern etwas anderes: „Warum kapiert der Kunde das noch nicht? Wie müssen wir unsere Kommunikation ändern, damit das endlich draußen ankommt?" Spitzenleute haben keine Vorurteile. Sie haben Lösungskompetenz. Aber das ist auch eine Frage der persönlichen Präferenz: Was von beiden ist Ihnen lieber?

Wenn es brennt: Keine Panik!

Helge ruft aus Mexiko in Wien an: „Gestern war unser erster Geschäftstermin anberaumt. Und die bestellen mich – zu einer Party! Ich glaube nicht, dass wir mit denen ins Geschäft kommen. Die nehmen unser

Angebot offensichtlich nicht ernst!" Heikle Situation. Immerhin geht es um einen Auftragswert von 400.000 Dollar – für sein kleines steirisches Unternehmen kein Pappenstiel. Was soll Helge tun? Die Gespräche abbrechen? Sein Geschäftsführer in Österreich ist ebenso ratlos: „Aber die haben uns doch solche Hoffnungen gemacht! Diese Mexikaner!"

Genau das ist falsch (s.o.): Vorurteile. Vorurteile sind immer schädlich, aber in heiklen Situationen sind sie der Killer. Als Helge glücklicherweise dann doch einen mexikanischen Journalisten anruft, den er von früher kennt, sagt dieser ihm: „Du Blödmann! Das war eine verdammte Ehre! Das ist in dieser Region sowas wie der Nationalfeiertag! Und zu so einer exklusiven Feier laden wir normalerweise keine Gringos ein! Also geh morgen zu dem Mexikaner und bedank dich überschwänglich für die Einladung! Die haben sicher Großes mit euch vor!"

- Schalten Sie in heiklen Situationen Ihre Vorurteile aus und Ihre Wahrnehmung an: Was genau passiert? Was wird gesagt, getan? Was ging der Situation voraus?
- Verkneifen Sie sich auf jeden Fall Spontaninterpretationen und noch heftiger Spontanreaktionen!
- Und dann fragen Sie jemand, der sich mit der fremden Kultur auskennt – bevor Sie was Dummes anstellen.
- Pflegen Sie Ihr Netzwerk: Für jede Kultur sollten Sie einen Ansprechpartner haben, der aus der Kultur stammt und dessen Urteil Sie vertrauen (Google ist hier nur eine Notlösung!).
- Humor, Demut, Geduld, Wertschätzung, Flexibilität und ehrliches Interesse sind zwar hehre Eigenschaft. Aber sie machen Sie auch krisenfest. Diese Charaktereigenschaften lassen sich übrigens entwickeln ...

Für Fortgeschrittene

Es gibt einen fließenden Übergang vom Kulturellen zum Individuellen. Das folgende Beispiel verdeutlicht das.

Pam hat ihren türkischen Teamkollegen zu Besuch in Hamburg. Pam kommt aus Chicago. Nachdem das Geschäftliche geregelt ist, lädt sie ihn auf abends zum Essen ein. Er lehnt ab. Sie sagt: „Jetzt komm! Das wird sicher lustig." Er lehnt erneut ab. Sie gibt auf.

Anderntags, an seinem Abreisetag, drückt sie ihr Bedauern darüber aus, dass das Abendessen nicht zustande kam. Er sagt: „Du hast mich nicht richtig gefragt. Ich hätte schon gewollt. Aber du hättest mich acht Mal fragen müssen, dann wäre ich gerne gekommen." Pam ist baff und am Boden zerstört. Sie empfindet das als Ohrfeige, als Bankrotterklärung ihrer interkulturellen Kompetenz.

Sie fragt eine türkische Kollegin: „Ich dachte, ich kenne mich mit den türkischen Sitten aus. Stimmt das? Oder darf bei euch generell eine Frau keinen Mann einladen?" Die Kollegin schnaubt: „Wofür hältst du uns eigentlich? Wir sind hier nicht auf dem Dorf. Natürlich darf eine Frau einen Mann einladen. Und natürlich gibt es in einigen Regionen den Brauch, dass man Gäste mehrfach einladen muss, um die Ernsthaftigkeit der Einladung zu verdeutlichen. Aber in Ankara oder Instanbul halten wir das schon lange nicht mehr so. Ich würde sagen, dein Türke hat ein Rad ab." Was bringt das Pam?

Alles. Denn sie verfügt über eine beneidenswerte interkulturelle/interindividuelle Kompetenz. Sie sagt: „Selbst wenn der Kollege einen Brauch pflegt, der in großen und vor allem den modernen Teilen seines Landes nicht mehr gepflegt wird: Es ist sein Brauch. Ich wäre dämlich, wenn ich diesen ignorieren würde." Also mailt Sie ihm, dass Sie die DVD mit einem alten Schinken von Kirk Douglas, die der türkische

Kollege nicht im richtigen Ländercode bekommen konnte, über dunkle Kanäle organisieren konnte – ob er noch daran interessiert ist? Er lehnt ab. Zwei Tage später mailt sie ihm ihr Angebot erneut. Er lehnt ab. Drei Wochen später, beim siebten Angebot, akzeptiert er hoch erfreut. Pam schickt die DVD mit den besten Grüßen raus. Zwei Monate später fällt ein türkischer Schlüssellieferant aus. Nicht mal eine Vorstandsintervention kann ihn halten. Pam fragt den türkischen Kollegen, ob noch was zu retten sei. Binnen vier Tagen organisiert er Ersatz, der überdies noch schneller liefern kann als der ausgefallene Lieferant. Er sagt: „Ich weiß, dass Pam ehrlich ist und es ernst meint. In meinem Heimatdorf würden wir niemals so jemanden hängen lassen. Ist Ehrensache."

> Ist doch egal, ob die Idiosynkrasien eines Menschen kulturell oder individuell bedingt sind: (Be)Achten Sie sie – und werden Sie dafür belohnt. Reichlich.

Make the world a better place

Was Pam da treibt, geht natürlich etwas weit. Deshalb lautete die Überschrift ja auch „Für Fortgeschrittene". Die Spitzenleute machen das so. Fast automatisch. Nicht immer, weil sie so erzogen wurden, sondern weil sie sich das kraft Einsicht Do-it-yourself beigebracht haben:

> Sie fahren einfach besser, schneller und problemfreier, wenn Sie andere zu verstehen versuchen und selbst ohne umfassendes Verstehen doch respektieren und das Gesicht wahren lassen.

Das wird in mittelmäßigen Teams nicht gemacht. Da lautet die Ausrede: „Keine Zeit!" Das ist eine Lüge. Ob ich unhöflich oder höflich bin: Für einen Satz brauche ich immer dieselbe Zeit. Nein, ich brauche für den höflichen Satz in toto weniger Zeit, da mir mein Gegenüber nicht ellenlang widersprechen muss, weil ich ihm auf die Zehen getreten bin. Was mittelmäßige Teams damit sagen wollen ist: „Wir konzentrieren uns auf das Sachlich-Fachliche." Das ist okay. Viele Menschen halten es so. Das hat drei Nachteile.

Spitzenleistung ist mit diesem Tunnelblick nicht möglich. Intellektuell ist das für einen intelligenten Menschen nicht sehr befriedigend, Kulturen und Individuen zu ignorieren oder über einen Kamm zu scheren. Und die Welt wird von dieser Ignoranz auch nicht besser. Stellen Sie sich vor: Wir behandeln alle Menschen so, wie sie es gerne hätten, weil wir ihre kulturellen und individuellen Besonderheiten erkennen können. Das wäre traumhaft, nicht?

In aller Kürze: Internationale Teams führen

- Machen Sie sich bewusst, wie interkulturelle Besonderheiten derzeit in Ihrem Team gehandhabt werden. Zufrieden? Erschüttert? Schockiert?
- Machen Sie sich den Klima-, Effizienz- und Leistungsverlust klar, der dadurch entsteht.
- Sprechen Sie das Thema „Interkulturalität" an! Im Kick-off und/oder wiederholt danach.
- Stellen Sie sich und Ihrem Team regelmäßig die Frage: „Was können wir voneinander lernen?"
- Überprüfen Sie, ob die Teamsprache tatsächlich von allen ausreichend verstanden und gesprochen wird.

- Bessern Sie gegebenenfalls mit möglichst berufsnahen Angeboten für Sprachkurse nach (sollte in elektronischer Form zur Standardausrüstung von internationalen Teams gehören).
- Geben Sie eine Einführung in die kulturellen Besonderheiten der am Projekt beteiligten Nationen. Am besten per externem Experten oder per Delegation an die jeweiligen Ländervertreter.
- Schwerpunkt der Einführung: Kommunikation, implizite Spielregeln bei Geschäftsabläufen, Verständnis von jeweiligen Grundtugenden wie Pünktlichkeit, Vollständigkeit, Verbindlichkeit ...
- Legen Sie einen besonderen Schwerpunkt auf die Unterschiede zwischen direkter und indirekter Kommunikation.
- Bekämpfen Sie jedes Symptom von Kulturegozentrik und Vorurteilen, wann immer sie ihr hässliches Haupt erheben!
- Für heikle Situationen benötigen Sie ein Netzwerk von verlässlichen und gut erreichbaren Länderexperten. Das Netzwerk darf ruhig informell sein (Stichwort: kurzer Dienstweg).
- Wenn Sie gut sind, werden Sie Ihre interkulturelle Kompetenz auf den interindividuellen Bereich ausdehnen: Jeder Mensch hat seine Besonderheiten, ob kulturell oder individuell bedingt. Wenn Sie sie kennen, läuft alles besser.

„Wer ‚Die Amerikaner' sagt,
übersieht den Amerikaner."

Helen V., Teamleiterin

14 In medias res: Chinesen und Briten

Mal schnell hinjetten

Machen wir uns keine Illusionen: Wie oft haben wir schon über interkulturelle Kompetenz gelesen, gehört, Seminare dazu besucht oder gute Vorsätze gefasst? Und was hat sich geändert? Eben.

> Schwimmen lernt man nur beim Schwimmen. Dasselbe gilt für den Erwerb interkultureller Kompetenz: Was man weiß, muss man auch anwenden.

Gute Trainings machen das. Und genau das machen wir jetzt auch. Deshalb vertiefen wir dieses zentrale Thema der Virtual Leadership im abschließenden Kapitel. Als Transferbeispiele besonders geeignet sind chinesische Teammitglieder, wegen der rapide wachsenden Bedeutung ihres Landes, und britische TeamkollegInnen, weil an ihrem Beispiel die versteckten Fallen der Interkulturalität deutlich werden: „Wir sprechen ja alle Englisch und die Engländer sehen ja auch so aus wie wir – also dürfte es keine Schwierigkeiten geben!" Wahnsinn! Und das im Zeitalter der Globalisierung. Die Wirtschaft ist globalisiert, aber der Mensch sitzt immer noch in seiner Höhle in Altamira und kritzelt an die Wände. Niemand weiß das besser als Sabrina.

Sabrina leitet zwei strategische Projekte für einen Kosmetik-Konzern. Zur Abnahme eines Meilensteins trifft sie heute in New York ein. Nach einer Stunde Meeting ist die Faktenlage geklärt und das zuständige Mitglied des Lenkungsausschusses erteilt Freigabe. Sofort fliegt sie weiter nach Schanghai, um sich mit den Geschäftsführern eines Unternehmens zu treffen, mit denen zusammen ihr Konzern ein Joint Venture gründen möchte. Die chinesischen Partner reden nach zwei Stunden immer noch über die beste Schulbildung für die Kinder und wollen von Sabrina wissen, welche Nanny sie für ihre beiden Töchter ausgesucht hat. Sabrina ist perplex: „Wollen die uns hinhalten? Vertuschen die irgendwas? Es kann doch nicht sein, dass wir in der eigentlichen Sache nach zwei Stunden immer noch keinen Deut weitergekommen sind! Ich wollte nur mal schnell runterfliegen und die letzten offenen Vertragsfragen klären ..." Sabrina wollte nur mal schnell runterjetten. Und jetzt hat sie den Salat. Sie glaubt, die Chinesen wollen sie sabotieren, verhandeln womöglich schon mit der Konkurrenz. Was meinen Sie? Das Gegenteil ist der Fall: Die Chinesen sind voll mit dabei. Weil sie das sind, wollen sie eine persönliche Beziehung zu Sabrina aufbauen – daher die privaten Gesprächsthemen. Sie sind fest davon überzeugt: Wenn man langfristig mit jemandem zusammenarbeiten möchte, sollte man sich doch auch persönlich kennenlernen! Sabrina denkt nicht mal daran. Sie denkt: „Ich muss die Vertragsunterzeichnung unter Dach und Fach bringen – danach bin ich raus, weil schon das nächste strategische Projekt auf mich wartet!" Wenn die Chinesen das wüssten, würden sie die Verhandlungen sofort abbrechen. Und je mehr sie Sabrinas Unwillen verspüren, eine persönliche Beziehung aufzubauen, desto skeptischer werden sie auch. Sabrina riskiert einen Verhandlungsabbruch auf den letzten zehn Metern vor dem Ziel! Bloß weil sie vom chinesischen Mindset immer noch zu wenig Ahnung hat ...

Direkt ist zu direkt

Luis erzählt: „Inzwischen liefern unsere chinesischen Teammitglieder die Qualität, die wir brauchen. Dafür hapert es noch mit der Termintreue. Deshalb habe ich ihnen vor dem letzten Abgabe-Termin klipp und klar gesagt: ‚Eine erneute Verzögerung werde ich nicht akzeptieren!'" Was passierte? Klar, logisch, das chinesische Arbeitspaket lief dieses Mal drei statt zwei Tage zu spät ein. Luis sagt: „Die haben das immer noch nicht kapiert! Ich muss wahrscheinlich noch deutlicher werden und mit Konsequenzen drohen!" Würden Sie ihm zustimmen?

Bloß nicht! Klare Worte, Konsequenzen und Drohungen funktionieren in China nicht. Konfrontation ist dort verpönt. Sie gilt als schädlich, unanständig und arrogant. Das wusste Luis. Eigentlich. Aber Wissen hat noch nie die Welt geändert. Dasselbe kann übrigens auch von den meisten Cross-Culture-Trainings gesagt werden. Sie bemühen sich lediglich um Wissensvermittlung. Das hat Luis nicht geholfen. Was ihm geholfen hat: Beim letzten Training hat der Trainer interkulturelle Konfliktsituationen im Rollenspiel nachspielen lassen. Bis zum Erbrechen. Das hat alle ziemlich fertiggemacht – aber nach einem Dutzend Rollenspielen fällt es allen Teilnehmern leichter, die richtigen Worte zu finden: Gemacht wird, was trainiert wird.

Deshalb vermeidet Luis inzwischen jede Konfrontation mit seinen chinesischen Teammitgliedern. Er sagt: „Keine Drohungen, keine Schuldzuweisungen und keine Vorwürfe mehr! Stattdessen: Zunächst einmal Betonung der Gemeinsamkeiten, Harmoniepflege. Erst danach spreche ich den Konflikt an, aber unter dem Etikett des gemeinsamen Problems, das wir gemeinsam lösen werden." Seither schmollen die Chinesen nicht mehr tagelang und liefern deutlich pünktlicher.

Ja heißt Nein

Marion leitet ein internationales Design-Team. Mit allen Teamkollegen kommt sie eigentlich ganz ordentlich zurecht, nur mit den vier Chinesen in einem chinesischen Industriezentrum nicht. Immer wieder liefern diese halbfertige Aufgaben ab. Deshalb gelten sie als „unzuverlässig". Was meinen Sie?

Die chinesischen Kollegen sind nicht unzuverlässig, sie sind schlicht überfordert. Oft können sie die ihnen zugeteilten Aufgaben nicht vollumfänglich erfüllen, weil ihnen dafür schlicht die Ressourcen fehlen. Warum sagen die Chinesen das dann nicht gleich bei Aufgabenerteilung? Weil man in China nicht Nein sagt. In ihren Augen würde dabei der Auftraggeber sein Gesicht verlieren. Deshalb sagen Chinesen nicht Nein. Das heißt: Sie sagen natürlich schon Nein – nur nicht mit dem Wort Nein. Wie dann? Was sagt Ihre interkulturelle Kompetenz?

Marion hat ihre interkulturelle Kompetenz inzwischen auf Vordermann gebracht. Sie sagt: „Ich kenne jetzt ein halbes Dutzend Varianten für ein chinesisches Nein!" Wenn zum Beispiel die chinesischen Teampartner mitten in der Diskussion plötzlich untermittelt das Thema wechseln, dann hielten das früher viele im Team für unhöflich. Heute weiß jedes Teammitglied: Da bahnt sich ein Nein an. Die Chinesen können die eben besprochene Aufgabe nicht erfüllen, können das aber nicht explizit sagen, also sagen sie es implizit, indem sie das Thema wechseln. Manchmal überhören sie auch Teile der Diskussion oder gehen einfach nicht auf den laufenden Austausch ein – auch das ist so gut wie ein Nein. Das mussten die Westler aber zuerst einmal lernen.

Denn im Westen gilt der alte römische Rechtsgrundsatz: Wer schweigt, stimmt zu. In China gilt ganz oft das Gegenteil – das extreme Gegenteil. Extrem wird es dann, wenn ein chinesisches Teammitglied Ja sagt und Nein meint, zum Beispiel: „Ja, das ist eine gute Idee, aber in der Durchführung vielleicht etwas schwierig." Dahinter steckt große Höflichkeit in Bezug auf die Idee an sich – aber die Durchführbarkeit der Idee erhält von chinesischer Seite ein klares Nein. Wer diese Feinheiten versteht, hat deutlich weniger Stress und mehr Erfolg in internationalen Teams … Umgekehrt wird auch klar, warum sich internationale Teams oft so schwer tun. Und das ist noch höflich, fast chinesisch ausgedrückt.

Denn tatsächlich sabotieren sich in dieser Minute wieder Hunderte, wenn nicht Tausende internationaler Teams nach Kräften selbst. Die meisten, ohne es zu bemerken. Ein österreichischer Teamleiter sagt: „Man definiert Arbeitspakete, dann legt man los. So sind wir das gewohnt. Seit wir international arbeiten, stellen wir aber immer häufiger leider erst nach Wochen fest, dass der eine oder andere asiatische Kollege bei der Verteilung der Aufgaben eigentlich Nein gesagt hat – wir haben das bloß nicht bemerkt!" Dann hat man Wochen verloren, die nie wieder aufzuholen sind. Erklär das mal einem Auftraggeber oder Lenkungsausschuss! Und nun zu den Briten.

Typisch britisch

Wir haben bereits gesehen, dass Briten eher indirekt kommunizieren (s. Kapitel 13). Im Seminar nicken immer alle ganz eifrig bei dieser Feststellung, so dass ich mit etwas mehr Nachdruck sagen muss: „Sie sind Deutsche. Das heißt: Was für Sie total normal ist, ist für einen Briten schon unhöflich!" Dann hört das Nicken auf und das Nachdenken fängt an:

> Was der Deutsche für „sachlich" und „direkt" hält, hält der Brite für unhöflich.

„Ja, klar", sagt Susanne zu Julie. „Of course this doesn't work!" Julie zuckt schon zusammen. Susanne fährt ungerührt fort: „First you must integrate the data from the new survey!" Sie muss die neuen Daten einbauen? Julie denkt: „Müssen muss ich gar nichts!" Für die Deutsche heißt „müssen" einfach: Tu das, dann läuft's! Die Britin aber fühlt sich vom selben „müssen" herumkommandiert. Und das von einer Deutschen ... Das ist ganz unglücklich.

> Höflichkeit ist ein Muss. Muss ist keine Höflichkeit.

Als Susanne das klar wird, erschrickt sie selber und sagt: „Sorry, Julie. I forgot myself. What I meant to say: It happened to me, too. I, too, got the wrong data, what a mess. I think you would find it very helpful, if you downloaded the new survey from our server." Das ist kein Oxford-Englisch, aber das ist so beziehungsorientiert, dass die britische Kollegin innerlich nicht auf Durchzug stellt. Das ist logisch? Nicht für Susannes männliche Kollegen.

Die sagen: „Aber wenn ich so hintenrum und windelweich mit den Engländern rede, dann merken die ja gar nicht, wenn eine Sache äußerst dringlich ist!" Diese Angst ist verständlich, aber unbegründet: Die Briten hören das heraus! Sie haben ein feines Ohr dafür. Sie können mein Wort dafür nehmen. Also vergessen Sie den Feldwebel-Ton im internationalen Team. Vergessen Sie auch ein anderes typisch deutsches Hobby: die sachliche Einigung.

Die sachliche Einigung wird überschätzt

Jürgen kommt völlig fertig aus der Verhandlung raus, zündet sich erst mal eine Zigarette an und sagt zum nebenstehenden, ebenfalls rauchenden Personalreferenten: „Der Engländer macht mich fertig! Seit zwei Stunden versuchen wir eine Einigung bei der Einführungskampagne zu erzielen! Der zieht einfach nicht mit! Dabei kommt das Budget doch von uns! Respektiert der das nicht?" Worauf der Personalreferent antwortet: „Als ich drüben war, hat mich das auch immer fertig gemacht. Aber noch verblüffender fand ich, dass die Briten ein Patt oft nicht ausverhandeln, sondern einfach sagen: We agree to disagree!" Jürgen fällt fast die Kippe aus der Hand.

Er geht zurück in die Verhandlung und sagt: „Ich glaube, wir sollten in diesem Punkt keine Einigung anstreben. Ich denke, wir können sehr gut damit leben, dass wir in diesem Punkt keine Übereinstimmung erzielen. Ich würde Sie einfach nur bitten wollen, den Mediaplan zur Werbekampagne so durchzuführen wie besprochen." Kein Ding! Der Brite macht das ohne zu zögern. Und er ist froh, dass der Deutsche sich eingekriegt hat und nicht auf eine sachliche Einigung besteht, denn: Wichtiger als die sachliche Einigung ist die Wahrung der persönlichen Beziehung. Wobei das nicht bedeutet, dass man sich nach Meetingende um den Hals fällt. Far from it!

Wer öffentlich Emotionen zeigt, fällt unangenehm auf. Das gilt für gerechte Empörung und berechtigten Ärger genauso wie für explizite Freude oder Mitleid. Das hat man, aber das zeigt man auf keinen Fall. Selbst wenn ein britisches Teammitglied Riesenmist baut, faltet man es nicht (wie in Deutschland einen deutschen Mitarbeiter) zusammen, sondern bleibt immer noch höflich – sonst verliert der Zusammenfalter jeden Respekt des Zusammengefalteten und seiner Kollegen. Wer rumbrüllt, versagt als Führungskraft, denkt der Brite. Das gilt auch für das Gegenteil: Wer mit Recht stolz auf seine Leistung ist, sollte das lautlos tun. Emotionen zeigt man nicht.

„Das lief doch super! Hey! Wir sind die Größten!" Viele Nationen feiern sich gerne selbst, allen voran die Amerikaner. Wenn etwas gut läuft, wird erst mal gejubelt. Der Brite findet das oberpeinlich. Selbst wenn er den Nobelpreis bekommt, ist „How nice!" das Äußerste, was er sich an Gefühlsentgleisung leistet, während alle anderen schon im Champagnerbad mit Blubberwasser gurgeln. Also nehmen Sie Rücksicht auf Ihre Briten! Das ist ein wenig viel verlangt?

Das ist es. Ein feierlauniger Berliner sagte dazu mal: „Ich geh doch nicht zum Lachen in den Keller, bloß weil die Leute in London keinen Sinn für Humor haben!" Haben sie doch! Bloß einen anderen. Warum sollten Sie darauf Rücksicht nehmen? Wo es doch wirklich Überwindung kostet, hohe Aufmerksamkeit und viel Nerven? Aus zwei einfachen Gründen: Erstens steigern Sie damit die Leistung Ihres Teams. Und zweitens werden Sie dadurch ein besserer Mensch. Hartwig zum Beispiel sagt: „Meine jüngste Tochter hält mich für ein unsensibles Großmaul. Seit ich mit Briten zu tun habe, weiß ich auch, warum. Seither lächelt sie manchmal tatsächlich, wenn ich mir beim Mittagstisch extra für sie einen meiner etwas derberen Sprüche verkneife …"

Das britische Nein und britischer Humor

„I'm sorry but I really feel … " Oder: „I don't feel altogether comfortable with that." Was heißt das übersetzt? Es heißt: Nein. Viele Kontinentaleuropäer hören das nicht heraus, laufen in die falsche Richtung und beschweren sich irgendwann erbost: „Warum sagen die nicht Nein, wenn sie Nein meinen?" Tun sie doch! Aber very, very carefully.

Ein britisches Teammitglied mailte einmal an alle seine Teamkollegen sozusagen eine „zweisprachige" Ablehnung des Vorschlags eines anderen Teammitglieds: „For the English team-members: I am sorry. I am afraid I'm having difficulty going along with this proposal. I'm wondering if perhaps we should give it some more thought. For the German team-members: Nein!"

Für Kontinentaleuropäer total verwirrend wird es, wenn die sonst so zurückhaltenden Briten heftig austeilen und zwar beim Humor. Dass der deutsche Teamleiter von einem britischen Witzbold karikiert wird, indem das britische Teammitglied mit Schnauzbart und Springerstiefeln den Gang rauf und runter marschiert und unverständliche teutonische Befehle brüllt, gelangt auch schon mal vor Gericht – wo es nichts zu suchen hat. Der britische Humor kann sehr fein, aber auch sehr derb sein. Vor allem, wenn er als Forming-Ritual (vgl. Kapitel 5) dient. Den Briten ist es ganz wichtig, dass man sich selbst nicht allzu ernst nimmt und verbal austeilen, aber auch einstecken kann. Alle Newcomer werden durch so ein rituelles humoriges Spießrutenlaufen geschickt. Das ist sozusagen die Team-Feuertaufe. Wer sie besteht, wird respektiert. Wer eingeschnappt reagiert oder gleich zum Kadi rennt, ist unten durch ...

The Magic Bullet

Was ist der Unterschied zwischen Teams mit schwacher und Teams mit hoher interkultureller Kompetenz? In zwei Worten: Intercultural Awareness. Interkulturell schwache Teams unterschätzen chronisch das Problem der Interkulturalität. Kompetente Teams dagegen sind sich der Herausforderung bewusst. Deshalb fragen sie mich oft nach der Wunderwaffe für deren Bewältigung. Ich verweise dann gerne darauf, dass sie diese Wunderwaffe bereits dadurch anwenden, dass sie mich danach fragen:

> Aktiv praktiziertes interkulturelles Bewusstsein ist die Wunderwaffe!

Das heißt: Leiten Sie Ihr Team immer und immer wieder darin an und seien Sie ein Vorbild darin, die oft versteckten kulturellen Unterschiede und Besonderheiten ganz bewusst und frühzeitig wahrzunehmen und dann eben nicht reflexhaft aus der eigenen kulturellen Warte heraus zu reagieren, sondern erst einmal Wertschätzung zu geben und sich um gegenseitiges Verständnis zu bemühen. Übrigens: Diese Magic Bullet wirkt nicht nur in internationalen Teams!

Sie wirkt auch in der eigenen Abteilung, Beziehung, Ehe und Familie. Denn überall dort brettern wir oft genug wie die wildgewordene Dampfwalze über die dort dann nicht kulturellen, sondern persönlichen Besonderheiten von Menschen hinweg, nehmen sie nicht aufmerksam wahr, verstehen sie nicht, respektieren sie nicht, bringen sie nicht zur Sprache – und wundern uns dann, warum unsere Mitarbeiter so passiv sind, die Kinder uns nicht respektieren, der Hund nicht pariert und der Beziehungspartner seit einiger Zeit so distanziert ist.

> Die Wahrnehmung und kluge Handhabung der interkulturellen und interindividuellen Eigenheiten ist der Schlüssel zum Erfolg nicht nur von internationalen Teams.

Das ist ein schönes Schlusswort.

Nachwort von der Eleganz der Exzellenz

Zum Schluss ein großer Trost: Sie können das, was Sie eben gelesen haben, also das ganze Buch, sofort und getrost vergessen. Denn wenn wir die Praxis der Teamführung betrachten, geht es dort so chaotisch bis katastrophal zu, dass Sie mit einem gnadenlos schlechten Teammanagement nicht wirklich auffallen würden. Sie würden damit eher die Norm erfüllen. Ich weiß, dass würde niemand zu behaupten wagen.

Ich bin dieser niemand. Ich behaupte das, weil ich es täglich sehe: Mittelmaß regiert. Zwar lästern viele darüber, aber irgendwie scheinen sich doch alle damit arrangiert zu haben. Ganz offensichtlich Sie nicht. Denn Sie sind immer noch hier. Was heißt hier? Sie sind auf dem Weg zur Exzellenz – und das kann man in unserem Zeitalter der Mediokrität nicht hoch genug anerkennen. Sie wollen es besser machen – meinen Glückwunsch und meine Anerkennung dafür. Wie kriegen Sie Wollen und Können zusammen?

Indem Sie es sich einfach machen. Ohne Witz. Versuchen Sie um Himmels willen nicht, das ganze Buch nach der Praxis zu werfen. Es würde einen Ochsen erschlagen. Fangen Sie mit dem kleinstmöglichen Schritt an. Viele Teamleiter verteilen Exemplare des Buches an ihr Team. Andere verteilen Kopien von zentralen Seiten oder stellen sie ins Intranet, um sie dann im nächsten Meeting zu besprechen: „Wollen wir das auch? Wollen wir etwas verbessern?" Das sind kleine, überschaubare Veränderungen.

> **Veränderung passiert in kleinen, überschaubaren Schritten.**

Die großen Quantensprünge sind ein Mythos, der sich empirisch niemals bestätigt hat – auch wenn es Ausnahmen gibt: Es sind eben Ausnahmen. Eine Teamleiterin, Doktorin der Chemie, sagte: „Ich bin immer so auf Laborwerte und Daten fixiert, dass meine Teams immer nur äußerst unwillig mit mir zusammenarbeiten. Ich nehme mir deshalb vor, bei jedem Telefonat mindestens eine Minute und in jedem Meeting zehn Minuten über Menschliches, die Stimmung, von mir aus das Wetter zu reden!" Klitzekleiner Schritt?

Gewiss. Trotzdem fiel ihr es nicht leicht, nach 20 Berufsjahren der absoluten Fixierung auf das Sachliche plötzlich auch das Teamrelevante in den Fokus zu nehmen. Die ersten zwei Telefonate und das erste Meeting „vergaß" sie ihren „kleinen" Schritt prompt. Es war einfach eine zu große Umstellung für sie. Deshalb mein Transfer- und Change-Tipp:

> **Geben Sie sich und Ihrem nächsten kleinen Schritt eine neunfach faire Chance!**

Was heißt das? Nun, die Werbefachleute haben herausgefunden, dass ein Konsument – im Schnitt! – erst neun Mal mit einem neuen Produkt physisch oder in Form von Werbung konfrontiert werden muss, bevor er überhaupt erwägt, es zu kaufen (Spontankäufe ausgenommen). Deshalb haben wiederholte Heiratsanträge auch oft später noch Erfolg. An dieser Stelle im Seminar sagt immer einer oder mittlerweile auch eine: „Stimmt. Erst beim vierten Mal hat sie/er Ja gesagt!" Also geben Sie sich mindestens neun Mal eine Chance, bevor Sie die Flinte ins Korn werfen! Erheblich schneller geht es, wenn Sie Transfer-Partner aktivieren. Welches sind die besten?

Sie sitzen in Ihrem Team. Niemandem bricht ein Zacken aus der Krone, wenn er oder sie sagt oder rundmailt: „Die Entfernungen zwischen uns machen vieles kompliziert und langwierig. Ich habe mir zur Überbrückung unserer Distanzen etwas überlegt, zu dem ich eure Meinung hören möchte. Was haltet ihr von …?" Ich weiß, dann kommt wieder eine Diskussion auf, die etwas zäh sein könnte. Das frisst Zeit und Nerven, weshalb viele meinen, dass man doch am besten alles beim Alten lassen sollte. Das meinen Sie nicht. Warum?

Aus zwei Gründen, nehme ich mal an: Erstens, weil Sie es besser machen wollen. Sie hassen Stillstand und Mittelmäßigkeit. Und zweitens: Weil es viel mehr Spaß macht und Erfolg bringt, wenn man es besser machen will und kann. Beides sind mächtige Motive. Bleiben Sie ihnen treu, halten Sie sie am Lodern. Viele Menschen können mit Mittelmäßigkeit leben – Sie offensichtlich nicht. Erinnern Sie sich an einen großen Teamleader der Geschichte und was er dazu zu sagen hatte. Shakespeare (im Hamlet) sagte: „This above all: To thine own self be true." Bleiben Sie Ihren treibenden Motiven treu – dann klappt das auch mit den Teams. Das kann ich Ihnen versprechen. Wenn ich darüber hinaus mehr für Sie tun kann, mache ich das gerne. So erreichen Sie mich:

Gary Thomas
thomas@international-hr.de
www.international-hr.de

Über den Autor

Im Rahmen seiner Tätigkeit bei assist International Human Resources führt Gary Thomas seit vielen Jahren Trainings, Coachings- und Beratungsprojekte weltweit durch. Seine Klienten sind international tätige mittelständische Unternehmen sowie globale Konzerne.

Seine Schwerpunkte sind International Leadership, interkulturelle Kompetenzentwicklung sowie Train-The-Trainerausbildungen.

Der gebürtige Engländer lebt mit seiner Frau und zwei Kindern in Deutschland.

Das Portfolio von assist International Human Resources:

- International Business Skills Training
- International Soft Skills Training
- Interkulturelles Coaching
- Cross-Culture Coaching Plus
- Interkulturelle Workshops
- Interkulturelle Trainerausbildung
- Blended Learning mit dem assist Virtual Campus

Kontakt:

assist International HR
Unternehmensbereich der assist GmbH
Technologiepark 12
33100 Paderborn

Tel.: +49 5251 87543-2
E-Mail: Contact@international-hr.de
Web: www.international-hr.de

Printed in Germany
by Amazon Distribution
GmbH, Leipzig